KB275753

# 소주 한 잔
# 사케 일 잔

한 잔의 사케가 들려주는 천 년의 이야기

# 소주 한 잔 사케 일 잔

**초판 1쇄 발행** 2025년 2월 14일
**지은이** 이창현
**펴낸이** 전정아
**편집** 전희경
**디자인 및 조판** 육일구디자인 **일러스트** 이진숙

**펴낸곳** 리코멘드
**등록일자** 2022년 10월 13일 **등록번호** 제 2024-000194호
**주소** 서울특별시 마포구 월드컵북로 400 5층 16호
**전화** 0505-055-1013 **팩스** 0505-130-1013
**이메일** master@rdbook.co.kr
**홈페이지** www.rdbook.co.kr
**페이스북** www.facebook.com/rdbookkr
**블로그** blog.naver.com/rdbookkr
**인스타그램** www.instagram.com/woojoo1ike

한 잔의 사케가 들려주는 천 년의 이야기

소주 韓 잔
사케 日 잔

소주 한 잔
사케 일 잔

이창현(재미사마) 지음

Re:commend

소주 한 잔에 그리움과 즐거움, 설렘이 스며들어 있다면,
사케 일 잔에는 일본의 문화와 전통, 그리고 장인 정신이 예술로 녹아 있다.

# 사케를 이해하고 즐길 수 있는 의미 있는 책

일본의 맥주와 위스키, 그리고 사케에 대한 관심이 점차 커지고 있지만, 여전히 서점이나 인터넷에서 제대로 된 사케 정보를 찾는 일은 쉽지 않습니다. 와인의 경우 방대한 정보와 안내서가 넘쳐나 선택에 어려움을 겪을 정도인데, 사케는 와인만큼이나 다양한 종류가 있음에도 불구하고 정작 믿을 만한 정보는 매우 제한적입니다.

사케를 제대로 소개하는 책은 드물고, 그나마 존재하는 자료들조차 상반된 정보로 혼란을 일으키는 경우가 많습니다. 이런 상황에서 이창현 저자의 『소주 한 잔 사케 일 잔』은 사케를 올바르게 이해하고 즐길 수 있도록 안내하는 의미 있는 책으로 자리 잡을 것입니다.

이 책은 단순히 사케 브랜드를 나열하는 것을 넘어, 일본 각 지역의 문화와 지리적 특성, 그리고 풍토까지 폭넓게 다룹니다. 사케 양조장의 에피소드와 함께 사케의 본질을 들여다보는 과정은 독자들에게 마치 일본으로 떠나는 사케 여행과 같은 설렘을 줄 것입니다. 사케에 대한 폭넓은 정보와 지식은 물론, 사케 문화를 이해하는 데 있어 이보다 더 훌륭한 안내서는 없다고 자신 있게 말씀드릴 수 있습니다.

2015년부터 사케 해외 직구 사이트인 '사케공구'를 운영하며, 사케의 올바른 이해와 보급에 힘써온 바, 이 책의 출간을 더욱 반갑게 환영합니다. 이번 책을 통해 독자들에게 사케의 매력을 친숙하게 전달함과 동시에 일본과 사케에 대한 선입견을 없애는 데 기여하기를 진심으로 바랍니다. 또한, 이 책이 한일 간 민간 교류의 가교 역할 뿐만 아니라, 앞으로도 더 많은 소재와 스토리를 담은 후속작으로 이어지길 기대합니다.

다시 한번 출간을 축하드리며, 이 책을 사케에 입문하고자 하는 분들에게는 필독서로, 사케를 사랑하는 애호가들에게는 보존 가치가 높은 자료로 자신 있게 추천드립니다.

주식회사 IH

대표이사 이상훈

# CONTENTS

## 사케, 아는 만큼 맛있다
### 매력적인 사케 문화 알기

### CHAPTER01

**이것만 알아도 사케 전문가 : 사케 입문자를 위한 필수 지식**

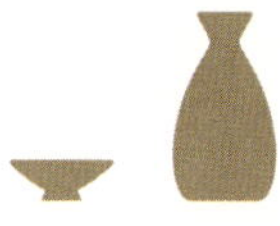

**PART 02** 사케 마스터 클래스
꼭 맛봐야 할 사케 셀렉션

### CHAPTER03

**이제 사케 마시러 일본으로 : 일본 현지에서 만나는 사케**

CHAPTER04

**핫한 사케지만 마실 때는 쿨하게 : 사케 브랜드별 소개**

# 사케 일 잔으로 일본을 엿보다

코로나19의 여파가 끝나고, 엔저 효과로 인해 한국 여행객들의 잠재된 여행 수요가 폭발하며 일본은 가장 인기 있는 여행지 중 한 곳으로 자리잡았습니다. 이처럼 일본에 대한 관심이 높아진 지금, 일본을 새롭게 이해할 기회를 가져 보는 것은 더욱 의미 있는 일이 될 것입니다.

일본은 때로는 비판의 대상이거나 미움의 대상으로 여겨지지만, 동시에 배워야 할 점이 많은 나라이기도 합니다. 그리하여 일본을 역사적, 정치적으로 풀어내는 것은 다소 무겁고 부담스러울 수 있기에 저는 한 잔의 소주와 사케를 통해 일본 문화를 가볍게 이해해 보자는 마음으로 이 책을 집필하게 되었습니다. 사케는 일본의 지역 문화를 간접적으로 경험하게 하고 일본을 보다 친근하게 느끼게 하는 매력적인 매개체입니다.

일본의 술을 잠시 들여다보면, 세계적으로 주목받는 일본 위스키와 다시 부활한 일본 맥주, 마니아층의 사랑을 받는 일본 와인과 사케 그리고 쇼츄(소주) 등이 떠오릅니다. 그중에서도 사케는 일본 전통과 문화를 가장 깊이 담고 있는 술로, 오랜 세월 동안 일본을 대표하며, 한국을 포함한 해외에서도 꾸준한 사랑을 받고 있습니다.

사케는 일본 47개 도도부현 전역에서 양조되며, 각 지역의 특성과 이야기를 담고 있어 일본의 다양성을 이해할 수 있는 중요한 소재가 됩니다. 홋카이도에서 오키나와까지, 각 지역의 기후와 토양, 물의 특성이 녹아든 사케는 그 지역만의 풍토와 문화를 반영합니다. 각 지역의 대표 사케를 살펴보는 것만으로도 일본의 다양한 얼굴을 엿볼 수 있습니다.

대부분의 일본 사케 양조장은 100년이 넘는 역사를 자랑합니다. 이러한 전통은 비단 양조장뿐만 아니라 일본의 기업 문화와 지역 사회에도 깊이 뿌리내리고 있습니다. 이를 통해 현재 장사가 잘되더라도 2호점을 내지 않고, 현대적인 산업에 뛰어들기보다 전통적인 가업을 이어가려는 모습, 그리고 고향과 거래처, 소비자를 소중히 대하는 일본인의 가치관을 이해할 수 있습니다.

일본에서는 '절대 남에게 폐를 끼치지 말라'고 가르칩니다. 그래서 기존의 방식을 고수하려 하고, 새로운 문물을 받아들이는 것에 미온적입니다. 일본의 이러한 모습과 신념이 때로는 답답해 보일지 모르지만, 그 안에는 오래된 철학과 신념이 담겨 있습니다. 이 책을 통해 사케의 세계를 따라가며 이러한 현상에 대한 답을 함께 찾아가 보려 합니다.

사케 한 잔의 풍미와 향을 음미하며, 일본의 여러 지역 사케들과 함께하는 여행은 단순한 음주 경험을 넘어 일본의 역사와 문화를 이해하는 시간이 될 것입니다. 각 지역에서 자란 쌀과 그 지역의 자연환경에서 얻어진 물로 빚어진 사케는 현지 특산물과 잘 어우러지며, 이를 함께 즐기는 것은 그 지역의 정수를 경험하는 것과 다름없습니다.

저는 사케를 마실 때마다 그 순간을 기록하고 메모하며, 지금까지 1,900종이 넘는 사케 데이터를 쌓아왔습니다. 일본 전역의 47개 도도부현을 모두 여행하며 직접 경험한 이야기와 사케에 대한 애정을 이 책에 담았습니다. 사케 소믈리에로서뿐만 아니라 여행 가이드로서의 경험도 더해져, 이 책은 사케를 통해 일본 문화를 가볍게 엿볼 수 있는 안내서로 완성되었습니다.

이 책의 PART 01에서는 사케에 대한 전반적인 설명과 개요를 다루며, PART 02에서는 각 지역의 독특한 사케 브랜드와 그 속에 숨겨진 매력을 소개합니다. 이 책을 통해 일본 여행에서 맛본 한 잔의 사케가 여러분에게 새로운 지적 즐거움과 감동으로 다가가길 기대합니다.

마지막으로, 이 책이 세상에 나올 수 있도록 도움을 주신 한국무역협회 박강표 동경지부장님, 출판뿐만 아니라 인생 전체를 응원해 주시는 코나폰 코퍼레이션 최상원 사장님, 그리고 사케 보급과 이해를 위해 아낌없는 조언을 주신 사케공구 이상훈 사장님께 깊은 감사를 전합니다.

# 사케 일 잔 하실래요?

　직장에서의 일과를 마친 후, 친한 동료나 절친과 함께 나누는 소주 한 잔은 그 무엇과도 바꿀 수 없는 즐거움입니다. 좋은 사람들과 마시는 한 잔, 두 잔은 우정을 나누고 서로에게 위로가 되는 순간이 됩니다. 이렇게 소주는 우리나라를 대표하는 대중적인 술이면서 서민들의 친구와 같은 존재입니다.

　일본에도 우리나라 소주의 위상과 비슷한 술인 사케가 있습니다. 사케는 최근 우리나라에서도 큰 인기를 끌고 있으며, 주점이나 이자카야는 물론 동네 편의점과 슈퍼마켓에서도 쉽게 볼 수 있습니다. 또 2023년 기준으로 한국인이 가장 많이 떠난 해외여행지는 일본이며, 일본을 가장 많이 방문한 외국 여행객도 한국인입니다. 일본은 지리적으로 우

리나라와 가까워 접근성이 좋아 쉽게 다녀올 수 있는 곳이고, 일본 여행을 다녀오면서 으레 사케 한 병 정도는 손에 들려 있을 정도로 사케는 한국인들에게 매력적인 술로 자리잡았습니다.


## 왜 사케일까요?

일본어는 몰라도 '나마비루(생맥주)'는 무슨 말인지 알 수 있을 정도로 일본의 맥주는 유명합니다. 각종 과즙에 쇼츄(소주)를 섞은 츄하이, 전 세계적으로 높은 평가를 받고 있는 일본 위스키, 위스키에 탄산을 섞은 하이볼까지, 일본에는 정말 다양한 종류의 술이 있습니다. 그런데도 저는 사케를 선택했습니다. 제가 왜 사케에 빠져들어 공부까지 하게 되었는지, 결국 책까지 쓰게 되었는지 그 이야기를 해보겠습니다.

18년 전, 저는 일본으로 건너와 본격적으로 한국과 일본을 오가는 물류업에 종사하게 되었습니다. 당시 회사에서는 영업에 필요하다며 와인에 관해 공부할 것을 권유했습니다. 그래서 나름 여러 종류의 와인을 마셔보고, 책도 사서 공부하고 관련 자격증을 알아보기도 했습니다. 하지만 일본에서의 와인 경험은 기대와는 달랐습니다. 대부분의 와인이 수입 와인이었고, 종류도 한정적이었습니다. 와인을 마실 수 있는 가게도 많지 않았고, 그랑크뤼 급은 고사하고 수준 있는 고급 와인은 감히 마실 수 없을 정도로 가격도 비쌌습니다.

와인 공부에 회의적인 마음이 들 무렵, 저는 일본 곳곳에 널리고 널린 이자카야와 편의점에서 '사케'라는 존재를 발견합니다. 사케는 일본인들이 자주 마시는 흔한 술이었는데, 너무 흔해서 평범하고 당연해 보였던 사케에 슬슬 관심이 가기 시작했습니다. 회식이나 지인과의 만남에서 사케를 자주 마시게 되면서 한국에서의 소주처럼 부담 없이 즐길 수 있게 되었습니다. 그렇게 가장 일본스러운 술인 사케에 점점 매료되었습니다.

게다가 사케의 세계는 제게 새로운 발견이었습니다. 사케에는 몇 가지 종류의 브랜드만 존재하는 게 아니라(와인 정도까지는 아니지만) 양조장과 브랜드가 어마어마하게 많고, 그만큼 다양한 스토리와 개성이 있다는 사실은 사케에 대한 흥미를 더욱 느끼게 해주었습니다. 나날이 다양한 종류의 사케를 만나면서 사케가 가진 하나하나의 이야기는 저를 사케의 세계로 더욱 깊이 이끌었습니다.

## 사케의 매력

여행을 좋아하고 새로운 곳을 탐방하는 것을 좋아하는 저는 어느 날 흥미로운 정보를 알게 되었습니다. 일본 전국 거의 모든 지역에서는 그 곳에서만 마실 수 있는 '지자케(지역 사케)'가 있다는 사실이었습니다. 이 정보는 제게 흥분과 설렘을 불러일으켰습니다.

그때부터 저는 일본 여러 지역을 여행하거나 출장을 갈 때마다 인근에 있는 양조장에 방문해, 현지에서 전통적으로 만든 다양한 맛의 사케와 향토 요리를 즐기게 되었습니다. 일본은 어디를 가든 온천이 있듯이, 어느 지역이든 사케 양조장과 현지 향토 요리가 있어서 그 지역을 알아가는 재미가 쏠쏠했습니다. 이런 즐거운 경험은 저의 평범한 일상에 큰 활기를 불어넣는 동력이 되었습니다.

사케의 또 다른 매력은 한국과 일본 모두 쌀을 주식으로 하기에 사케와 어울리는 요리들이 우리에게 익숙한 재료와 맛이라는 점입니다. 덕분에 사케는 처음 접하는 사람들에게도 쉽게 친숙해질 수 있는 술이 되었습니다.

어느새 사케를 좀 알게 되고 사케에 푹 빠진 사실이 소문이 나자, 주위에서 사케에 대해 질문하는 사람들이 많아졌습니다. 어떤 사케 브랜드가 맛있느냐, 어느 지역 사케 맛이 좋으냐, 일본에 가면 어디 술집에 가야 맛있는 사케를 마실 수 있느냐, 한국에 돌아갈 때 어떤 종류의 사케를 선물로 사 가면 좋으냐 등 다양한 질문들이 이어졌고, 저는 자연스럽게(아직 많이 부족하지만) 사케 전문가로 인정받게 되었습니다.

## 한국과 일본, 그리고 술 문화 이야기

이제는 한국과 일본, 두 나라에도 와인 문화가 대중적으로 정착되었지만, 세계적으로는 와인이 가장 늦게 자리 잡은 국가들이라고 합니다. 술 문화가 대중적으로 정착하기까지는 종교적, 문화적인 영향도 있겠지만, 무엇보다 그 나라의 농업과 자연환경도 중요하다고 생각합니다.

예를 들어, 포도 재배에 필요한 천혜의 자연환경을 가진 국가에서 와인을 만들면 그 나라가 지배했거나 그 나라 문화 영향권에 있었던 지역들은 와인 문화가 자연스럽게 뿌리내릴 수 있었습니다. 와인이 역사적으로 깊은 뿌리를 내리고 대중적인 술로 자리잡은 것은 어찌 보면

자연스러운 일입니다.

반면, 한국과 일본은 와인 문화의 영향권에 있지 않았고, 주식으로 쌀을 재배하며 살아온 나라들입니다. 두 나라 모두 쌀 재배에 적합한 자연환경과 농업적 기반을 가지고 있습니다. 당연히 포도보다 쌀을 재배하기에 충분한 자연과 문화 환경을 가진 나라이며 포도 대신 쌀로 술을 빚는 전통이 발달했습니다. 한국의 소주와 일본의 사케는 모두 쌀을 주재료로 하며, 이런 공통점으로 소주와 사케는 양국의 술 문화에서 주류를 형성하고 있습니다.

이 책에서는 소주와 사케가 왜, 그리고 어떻게 각 나라의 주류 문화를 대표하는 술로 자리 잡게 되었는지, 그 이야기를 함께 나누어 보려합니다. 쌀을 기반으로 한 술들이 어떻게 대중의 사랑을 받으며 역사와 문화를 담아내는지에 대한 이야기를 통해 한국과 일본의 술 문화를 한층 더 깊이 이해할 수 있기를 바랍니다.

## 쌀과 함께한 한국과 일본의 술의 역사

우리 말에 "밥은 먹고 다니냐", "밥 한 끼 해야지", "밥값도 못하는군" 같이, 쌀로 만든 밥에 관한 관용구가 많습니다. 쌀은 한국인들에게 떼려야 뗄 수 없는 존재입니다. 쌀은 우리 삶의 중심에 자리 잡고 있으며, 이런 문화적 배경은 쌀을 주재료로 한 술에도 그대로 반영됩니다. 한

국에서는 쌀로 만든 술인 막걸리가 명절이나 제사 때 자주 쓰입니다. 또한 TV 드라마의 사극에서 주막이 배경이 되는 장면이 나오면 여지없이 막걸리가 등장하곤 합니다.

일본에서도 쌀은 술의 중요한 재료입니다. 일본 어디에서나 쉽게 맛볼 수 있는 가장 인기있는 술이 바로 사케입니다. 사케의 역사는 약 2000년 전으로 거슬러 올라가며, 예로부터 신에게 바치는 공물로 사용하였습니다. '일본의 술'이라는 뜻의 '니혼슈日本酒'가 사케를 의미할 정도입니다. 사케는 일본을 대표하는 술로, 그 역사가 상당히 깊다고 하겠습니다. 그러고 보니 한국과 일본 모두 쌀로 만든 술의 역사가 오래되었음을 알 수 있습니다.

　제가 어린 시절, 집안의 제사 때마다 사용하는 '정종'이라는 술이 있었습니다. 당시 정종은 1.8*l*의 큰 됫병을 종이 상자에 넣어 동네 슈퍼마켓에서 팔던 흔한 술이었습니다. 제사가 끝난 후에는 어른들이 이 술을 데워서 마셨던 것으로 기억합니다. 이 정종이 바로 청주이자 사케인데 이렇게 '데워 마시는 술'이라는 인식으로 인해 유통과 판매에 한계가 있었습니다. 그러한 와중에 대대적으로 이러한 사케의 인식을 바꾸려는 대기업의 마케팅이 있었습니다. 그 술이 바로 '차고 깨끗한 청하'라는 술입니다. 당시 출시된 청하는 이름처럼 맑고 깨끗한 목 넘김으로 많은 사람들에게 인기를 얻었고, '청하 주점'이라는 상호를 내걸 정도로 청하를 메인으로 하는 주점들이 붐을 이뤄 크게 유행하기도 했습니다.

최근 우리나라는 매년 여름마다 서울 코엑스 등에서 열리는 '사케 페스티벌'이 큰 인기를 끌고 있습니다. 이틀 동안 진행되는 이 행사는 발 디딜 틈이 없을 정도로 성황을 이루며, 일본에서조차 만나기 힘든 일본의 양조장 사장이나 양조 책임자인 토지杜氏들도 만나볼 수 있어 사케 마니아들 사이에서 최고의 행사일 정도로 인기가 높습니다.

서울 유명 사케 바에서는 한 병에 50만 원을 넘는 사케가 없어서 못

팔 정도로 인기가 높고, 일반적인 일식당에서도 그동안 한국에서 쉽게 맛볼 수 없었던 '나마자케'와 같은 신선하고 맛있는 사케를 비교적 저렴한 가격에 즐길 수 있게 되었습니다. 이제는 사케도 가성비 좋은 술로 주목받고 있는 셈입니다.

하지만 여전히 국내에는 일본 사케에 대한 정보가 많이 부족하다 보니 메뉴판에서 쌀 품종이나 등급을 브랜드로 잘못 표기하는 경우도 종종 볼 수 있습니다. 또한 니혼슈, 오사케, 청주 등 사케와 관련된 용어들이 혼용되어 사용되면서 정확한 명칭을 헷갈려 하는 분위기입니다.

썸 타는 그녀 또는 그와의 데이트, 회식 자리나 가까운 이들과의 가벼운 술자리에서 사케에 대한 이야기를 나누며 사케를 즐겨보시길 추천합니다. 지금부터 제가 책에 소개해 드리는 사케 정보나 마음에 드

는 사케 이름 몇 가지를 기억해두었다가 스시나 사시미, 덴푸라, 야키
토리 등 일식과 함께 즐긴다면 만남의 분위기가 훨씬 풍부하고 즐거워
질 것입니다. 혹시 메뉴판에 잘못 표기된 것을 발견했을 때, 바로잡아
주면서 으쓱해질 수도 있겠습니다.

　일본 여행을 마치고 지인에게 선물할 술을 고를 때 위스키보다 가성
비도 좋고, 일본 여행지의 멋도 느껴지는 사케 한 병이 더 좋은 선택이
될 것입니다. 여름에는 신선한 해산물에 시원한 사케가, 추운 겨울이면
편의점에서 먹는 오뎅 한 컵에 뜨거운 사케가 생각날 것입니다.

이 책은 사케의 매력에 빠진 분들, 막 입문한 분들을 위해 사케의 다양한 지식과 정보, 그리고 사케에 담겨 있는 이야기를 풀어냈습니다. 다채로운 사케의 술 문화를 이해하고 즐기는 데 도움이 되실 겁니다. 앞으로 사케를 '아는 맛'에서 '아는 척'할 수 있는 단계로 업그레이드하시기를 바라며 재미있게 풀어 보겠습니다.

준비되셨는지요? 이제 본격적으로 매력적인 사케의 세계로 들어가 보겠습니다. '소주 한 잔' 생각날 때, '사케 일 잔' 어떠신가요?

# 사케, 아는 만큼 맛있다
## 매력적인 사케 문화 알기

지식을 배우고 새로운 세계를 탐구하는 과정은 어려우면서 설레는 여정입니다. 사케를 배우고 탐구하는 과정 역시 그렇습니다. 사케의 핵심 지식 몇 가지를 이해하면 어느새 사케를 아는 전문가가 되어 있을 것입니다.

한 잔의 사케가 천천히 취기를 올리듯, 차곡차곡 쌓이는 지식은 당신을 사케의 깊은 매력 속으로 이끌어 줄 것입니다. 그럼, 마음의 잔을 준비해 주세요. 이제부터 넘치도록 가득 채워드리겠습니다. 자, 당신의 사케 여정이 시작됩니다.

# 이것만 알아도 사케 전문가

## : 사케 입문자를 위한 필수 지식

# 일본인들도 헷갈리는 사케,
# 너의 이름은?
## : 사케의 정의와 종류

사케에 관한 용어는 청주, 세이슈, 니혼슈, 정종 등 유사한 표현이 많습니다. 이에 따라 특정 술을 지칭할 때 혼란이 생기기도 하고, 각 용어가 같은 술을 가리키는지, 아니면 다른 술을 의미하는지 구분조차 어려울 때가 많습니다. 예를 들어, 일본에서는 술 전체를 '오사케'라고 합니다.

그렇다면 '사케'와 '오사케'는 같은 술을 의미하는 것일까요? 또한 '청주'는 사케의 한 종류일까요? '니혼슈'는 사케의 다른 말일까요? 이러한 의문들로 인해 사케의 정확한 정의와 종류에 대해 궁금증이 생깁니다.

이제부터 이러한 궁금증을 하나씩 풀어가며 사케의 정체를 알아보겠습니다.

## 청주와 니혼슈, 사케의 관계

사케를 관리하고 있는 일본의 국세청 일본주조조합중앙회가 정의한 사케의 개념을 먼저 살펴보겠습니다.

다음은 청주와 니혼슈의 정의에 대한 설명입니다.

### 청주와 니혼슈

청주淸酒, SAKE는 쌀, 쌀누룩, 물을 주원료로 발효시켜 만든 술을 말한다. 넓은 의미에서는 일본 국내에서 생산된 술뿐만 아니라 수입한 술까지 포함한다.

청주淸酒의 종류 중 하나인 니혼슈日本酒, Nihonshu / Japanese Sake는 일본산 쌀을 원료로 사용하고 일본 내에서 양조한 술만을 의미하는 좁은 의미의 개념이다. 이 니혼슈라는 명칭은 지리적 표시GI로 보호받고 있다.

출처: 국세청 일본주조조합중앙회

신사에 봉납된 사케 술통(타루자케)

국세청 일본주조조합중앙회가 정의한 내용에서 볼 수 있듯 일본식 발음으로 '세이슈'라 불리는 청주淸酒는 니혼슈日本酒를 포함하는 넓은 개념입니다. 니혼슈는 특별히 일본산 쌀을 사용해 일본 내에서 양조된 술만을 가리키는 좁은 의미의 개념입니다. 쉽게 말해, 미국산 쌀로 만들거나 미국에서 생산된 사케는 청주로 분류될 수 있지만, 니혼슈로는 인정되지 않습니다.


이번에는 주세법에 따른 정의를 간단히 살펴볼까요?

주세법상 청주는 쌀, 쌀누룩, 물을 원료로 발효시켜 걸러낸 술로, 알코올 도수가 22% 미만인 양조주를 말합니다.

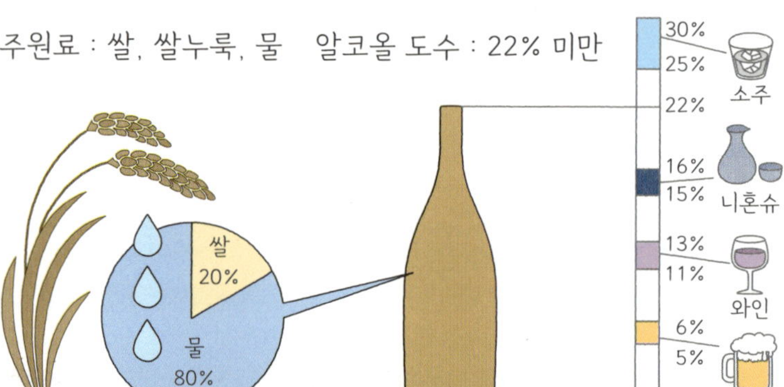


일본 주세법상 니혼슈의 정의

이제 뭔가 좀 구분이 되는 듯 하십니까? '사케'라는 용어는 우리에게 친숙하지만, 그 정확한 의미는 생각보다 복잡하다는 것도 알았습니다. 그러면 조금 더 들어가 보겠습니다. 일반적으로 오사케お酒는 일본에서 모든 주류를 통칭하는 반면, 사케sake는 특별히 니혼슈만을 지칭합니다. 이는 일본인들도 종종 헷갈리는 점이기도 합니다.

이러한 용어의 혼용이 어디서 비롯되었는지 알기 위해 일본에 소주, 위스키, 와인, 맥주 등 다양한 술이 들어오기 전의 과거로 돌아가 보겠습니다. 그 당시 일본에는 '술'이라고는 니혼슈가 유일한 주류였습니다. 그렇다 보니 자연스럽게 사케가 니혼슈를 의미하게 되었습니다. 이러한 인식은 현재까지도 이어져, 지금도 일본에서 사케라고 하면 대부분 니혼슈를 떠올립니다.

하지만 현대에 이르러 소주, 위스키, 와인, 맥주 등 다양한 술들이 보편화되면서 일본 내에서도 오사케와 사케의 경계가 다소 모호해졌기 때문에 한국에서 사케라고 부르는 술을 일본에서는 니혼슈라고 부르는 것이 명확합니다.

다만, 소주 생산지로 유명한 규슈 지역, 특히 미야자키와 가고시마에서는 니혼슈日本酒라는 단어를 조심스럽게 사용해야 합니다. 이는 '일본의 술'이라는 의미의 니혼슈가 사케만을 일본의 대표 술로 인정하는 듯한 뉘앙스를 줄 수 있어, 고구마 소주(이모쇼츄) 생산에 자긍심이 대단한 이 지역의 정서도 고려할 필요가 있기 때문입니다.

혼슈 최북단 아오모리현의 3대 명주 – 덴슈, 호하이, 무츠핫센



CHAPTER 01
이것만 알아도 사케 전문가

## 정종은 마사무네로부터

정종正宗은 무엇일까요? 일제강점기에 많은 일본 사케 양조장들이 한국에 진출했는데, 1945년 광복 당시 조선청주주조조합원의 자료에 따르면 한국에 119개의 양조장이 있었다고 합니다. 이 시기에 키쿠 마사무네菊正宗, 사쿠라 마사무네櫻正宗 등과 같은 대형 사케 제조업체가 있었는데, 중소업체들이 마사무네 브랜드를 유행처럼 따라서 사용했고, 이 마사무네가 한국식 음독으로 정종이 되었습니다.

당시 한국에는 소주, 막걸리, 맥주 등의 주류 분류는 있었으나 청주(사케)에 해당하는 고유어가 없었습니다. 이러한 배경에서 '청주=정종'이라는 인식이 자리 잡게 된 것으로 보입니다.

그럼 일본에서는 사케에 마사무네正宗라는 이름이 왜 자주 등장하게 되었는지 궁금해집니다. 간략하게 설명하면 다음과 같습니다.

1717년, 일본 최대의 사케 생산지인 고베의 나다 지역에서 야마무라 타자에몬이 사케 양조장을 설립했습니다. 당시에는 유명한 가부키 배우 이름을 브랜드 이름으로 사용하는 것이 일반적이어서 이 양조장 역시 그 당시 인기 많았던 가부키 배우 신스이의 이름을 따서 '신스이新水'라는 브랜드를 만들었습니다. 그러나 양조장 대표 야마무라는 신스이라는 브랜드 이름이 지나치게 여성적이라고 여겨 새로운 브랜드 이름을 모색하고 있었습니다. 그러던 중 이전부터 교류가 있던 교토의 즈이코지 사찰을 방문했을 때, 우연히 책상 위에 놓인 불교 경전에서

'임제정종臨済正宗'이라는 글자를 발견하고, 청주淸酒, せいしゅ, 세이슈와 정종正宗, せいしゅう, 세이슈의 발음이 유사한 것에 착안해 '세이슈正宗, 정종'를 새 브랜드 이름으로 채택했습니다. 일본에서 정종은 '오리지널' '정통' '원조'라는 의미를 담고 있는데, 한국에서 '종가집'이라는 표현을 쓰는 것과 비슷한 맥락입니다.

일본 전국의 정종(=마사무네) 브랜드를 가진 양조장 지도

정종正宗이라는 브랜드는 처음에는 음독인 세이슈로 불렸으나, 점차 훈독인 마사무네まさむね로 더 알려지게 되었습니다. 이는 우연이 아닌, 일본 문화의 깊은 맥락과 연관되어 있습니다.

## 정종正宗

음독: 세이슈せいしゅ

훈독: 마사무네まさむね

　마사무네는 일본 최고의 명검을 제작한 도공 가문의 이름이었습니다. 일본도日本刀의 대명사로 알려진 마사무네는 사무라이 문화에서 최고의 품격과 명예를 상징했기에, 브랜드 이름으로는 더할 나위 없이 완벽하다고 생각했습니다. 이러한 문화적 영향력은 현재까지도 이어져, 일본에서 149개의 사케 브랜드가 '마사무네'라는 이름을 사용하고 있습니다.

　이제 사케가 '청주', '세이슈', '니혼슈', '정종' 등 여러 명칭으로 불리는 이유를 이해하게 되었습니다. 사케를 설명할 때 다양한 표현이 있지만, 한국인들에게는 사케라는 단어가 니혼슈의 대명사가 되었습니다. 혼동을 최소화하고 설명을 간결하게 하기 위해 특별한 구분이 필요한 경우를 제외하고는 앞으로 사케라는 표현을 사용하여 설명하겠습니다.

최고급 사케로 일컬어지는 쥬욘다이, 지콘, 아카부

# 라벨만 보고도 예상 가능한
# 사케의 맛
## : 사케 라벨 읽기의 기본

최근에는 사케 전문점이 많이 생기면서 정확한 정보를 제공하고 있지만, 불과 몇 년 전까지만 해도 일본식 주점인 이자카야에서 접하는 사케 정보는 부정확한 경우가 많았습니다. 가장 기본적인 실수로는 쌀의 품종을 브랜드로 잘못 표기하는 것이었고, 더 놀라운 것은 특정 명칭주 분류 중 하나인 다이긴죠를 하나의 브랜드로 소개하는 경우도 있었습니다. 이는 마치 와인에서 포도 품종인 카베르네 소비뇽이나 와인의 종류인 로제를 브랜드로 혼동하는 것과 같은 실수였습니다.

'아는 만큼 보이고 아는 만큼 즐길 수 있다'는 말은 사케에서도 마찬가지입니다. 사케를 더 깊이 이해하고 즐기기 위해 가장 기본적인 라벨 읽는 법을 알아보겠습니다. 사케 라벨은 크게 세 가지로 구분됩니다.

④ 勝山 純米吟醸 鸚《れい》おりがらみ生
マスクメロンの様な上品かつ爽やかな
香りに米の甘みと旨味を表現した
低アルコールのお酒です
⑤ 品目： 日本酒
⑥ アルコール分：12度
⑦ 精米歩合：55%
⑧ 内容量：720ml
⑨ 原材料名：米（国産）、米麹（国産米）
⑩ 使用米：ひとめぼれ100%
⑪ 製造年月：枠外に記載
⑫ 保存方法：冷蔵（冷蔵庫保管）
⑬ 製造者：仙台伊澤家 勝山酒造（株）
宮城県仙台市泉区福岡字二又25-1
⑭ お酒は20歳を過ぎてから
⑮ 杜氏：後藤光昭
⑯ 開栓後は瓶を立てて保存してください
生酒ですのでお早めにお召し上がりください
妊娠中や授乳期の飲酒はお控えください
Alcohol content:12%, Ingredients:Japanese Rice
Rice polishing ratio:55%, Toji:Mitsuaki Goto
Volume:720ml, SAKE:made in JAPAN,
⑰ 製造年月
R6.7

① **브랜드 영문명** KATSUYAMA

② **메인 브랜드** 勝山(카츠야마)

③ **라인업 종류** 鸚(레이)

④ **특징** 저알코올이며 침전물이 있는 상쾌한 맛의 사케

⑤ **품목** 니혼슈

⑥ **알코올 도수** 12%

⑦ **정미 비율** 55%

⑧ **용량** 720㎖

⑨ **원재료명** 쌀, 쌀누룩

⑩ **원재료 품종** 히토메보레 100%

⑪ **제조 연월** 표 바깥에 표시

⑫ **보관 방법** 냉장 보관

⑬ **제조자** 카츠야마 주조

⑭ **음주 제한 연령 표시** 20세 이상 음주 가능

⑮ **양조 책임자** 고토 미츠아키

⑯ **개봉후 음주 방법** 개봉 후 병을 세워서 보관하고 가능하면 빨리 마셔야 한다

⑰ **제조 연월** 2024년 7월

뒷면 라벨의 표시 설명

- 반드시 기재해야 하는 필수 항목

- 선택적으로 기재할 수 있는 임의 항목

- 기재가 금지된 항목

이제 각 항목에 대해 자세히 살펴보겠습니다.

## 반드시 기재해야 하는 필수 항목 열 가지

사케 라벨의 필수 기재 사항은 다음과 같습니다.

- **품목:** 주세법에 따르면 사케는 청주에 해당하므로 '청주淸酒'라는 표시가 들어갑니다. 일본에서 재배된 쌀을 사용하고 일본에서 제조된 청주에만 '니혼슈日本酒'라고 표기할 수 있습니다.

- **원재료명:** 사케의 기본 원료는 쌀, 쌀누룩, 물 세 가지입니다. 단, 물은 반드시 표기해야 하는 사항은 아니며, 양조 알코올이나 당류가 첨가된 경우 이를 함께 기재해야 합니다.

- **원산국명:** 일본 외 국가에서 생산된 경우에만 표기합니다.

- **알코올 도수:** 알코올 도수는 한자나 히라가나가 아닌 아라비아 숫자로 기입해야 합니다. 단위는 도度 또는 %를 사용해 0.5 단위로 기재합니다.

- **제조 연월:** 실제 양조가 완료된 날짜가 아니라 병입 날짜를 기재합니다.

- **제조자:** 사케를 양조한 회사명과 현주소를 기재합니다.

- **특정 명칭 및 정미 비율:** 쥰마이다이긴죠, 쥰마이슈 등 특정 명칭주에 한해 기재하며, 정미 비율은 원재료명 근처에 기재합니다.

- **용량:** 아라비아 숫자로 표기하고, 단위는 *ml* 또는는 밀리리터ミリリットル로만 표기합니다. 잇쇼1升 또는 욘고4合 등의 옛날 표시 방법은 인정하지 않습니다.

- **음주 연령 제한 문구:** '20세 미만은 음주를 금지한다'는 내용의 문구를 기재해야 합니다. 참고로 한국은 19세 미만입니다.

- **보관 및 음용 상의 주의 사항:** 열처리를 하지 않은 나마자케와 같이 특별한 보관이 필요한 경우에는 반드시 냉장 보관을 해야 한다는 내용을 기재해야 합니다.

## 선택적으로 기재할 수 있는 임의 항목 열 가지

사케 라벨에 선택적으로 기재할 수 있는 항목은 다음과 같습니다.

- **원재료 품종:** 취급하는 쌀이 전체 50% 이상인 경우에만 표기 가능합니다. 예를 들면 '야마다니시키 100%'와 같은 표시입니다.

- **청주 산지명:** 단일 산지에서 생산되고 외부 양조 알코올이 포함되지 않은 경우에만 표기합니다.

- **저장 년수:** 1년 이상 저장한 사케만 표기 가능하며, 그중 나머지 개월 수는 반올림합니다. 2년 3개월이면 2년으로 표기합니다.

- **겐슈(원주):** 완성된 사케에 물이나 양조 알코올을 추가하지 않은 경우에만 표기할 수 있습니다.

- **나마자케(생주):** 열처리하지 않은 사케에만 표시할 수 있습니다.

- **나마쵸조슈(생저장주):** 저장 중에는 열처리하지 않고 병입 시에만 열처리한 경우에 표기할 수 있습니다.

- **키잇본:** 단일 양조장에서 생산된 쥰마이슈에만 '키잇본生一本'이라는 표현을 쓸 수 있습니다.

- **타루자케:** 나무통樽에 저장하여 나무 향이 배어든 사케에만 '타루자케樽酒'라는 표현을 쓸 수 있습니다.

- **품질 등급 표현:** 자사 제품 중 등급이 높은 고급 사케에 대해 '우량', '극상', '고급' 등의 표현을 사용할 수 있습니다.

- **수상 이력:** 정부나 공공단체에서 수상한 경우에 한 해 수상 이력을 기재할 수 있습니다.


## 기재가 금지된 항목

사케 라벨에 기재하면 안 되는 금지 표기 사항은 다음과 같습니다.


- 사케 품질 등을 표시할 때 '업계 최고', '대표', '제일' 등과 같은 최상급 표현은 쓸 수 없습니다.

- '관공서 납품' 또는 이와 유사한 표현은 쓸 수 없습니다.

- 특정 명칭주가 아닌 사케에 특정 명칭주와 유사한 표현은 쓸 수 없습니다.


## 라벨 표기 방식

사케의 종류만큼이나 라벨의 디자인과 구성도 다양하지만, 일반적인 표기 방식이 있습니다. 대부분의 사케는 정면의 큰 라벨에 제품명과 기본 정보, 주요 특징을 표시하고, 뒷면 라벨에는 자세한 제품 정보를 기재합니다.


- **정면 라벨:** 제품명, 기본 정보, 주요 특징
- **뒷면 라벨:** 상세 정보 및 기타 필수 표기 사항


실제 라벨 샘플을 통해 사케 라벨을 읽고 이해하는 방법을 알아보겠습니다. 다음은 사케 라벨 정면입니다.


정면에 있는 메인 라벨의 주황색 체크 표시는 사케의 여러 정보인데, 본 라벨에는 의무 기재 사항이 혼재되어 있습니다. 사케 라벨 정면 중앙에는 브랜드명이 가장 큰 글자로 표기됩니다. 특정 명칭은 주세법에서 규정하고 있는, 다음 페이지에 소개하는 여덟 가지에 해당하는 것만 기재할 수 있습니다. 그 외의 정보는 앞서 설명한 의무 기재 사항을 따릅니다.

✓ 표시 부분은 법령에 따라 의무적으로 표시해야 하는 항목입니다.

사케 브랜드명
✓ 특정 명칭주 구분
양조 알코올 첨가유무와
정미 비율에 따라 특정 명칭주가
결정된다.
✓ 품목
청주(清酒) 또는
니혼슈(日本酒)
✓ 제조자 주소
✓ 알코올 도수
일반적으로
15~16%이며
22% 이하여야 한다.
✓ 음주 연령 제한 표시
✓ 원재료명
쌀과 쌀누룩
쌀의 재배지 표시
✓ 용량
✓ 정미 비율
✓ 제조자의 명칭
✓ 제조 연월
양조장에서 병입하는 시기

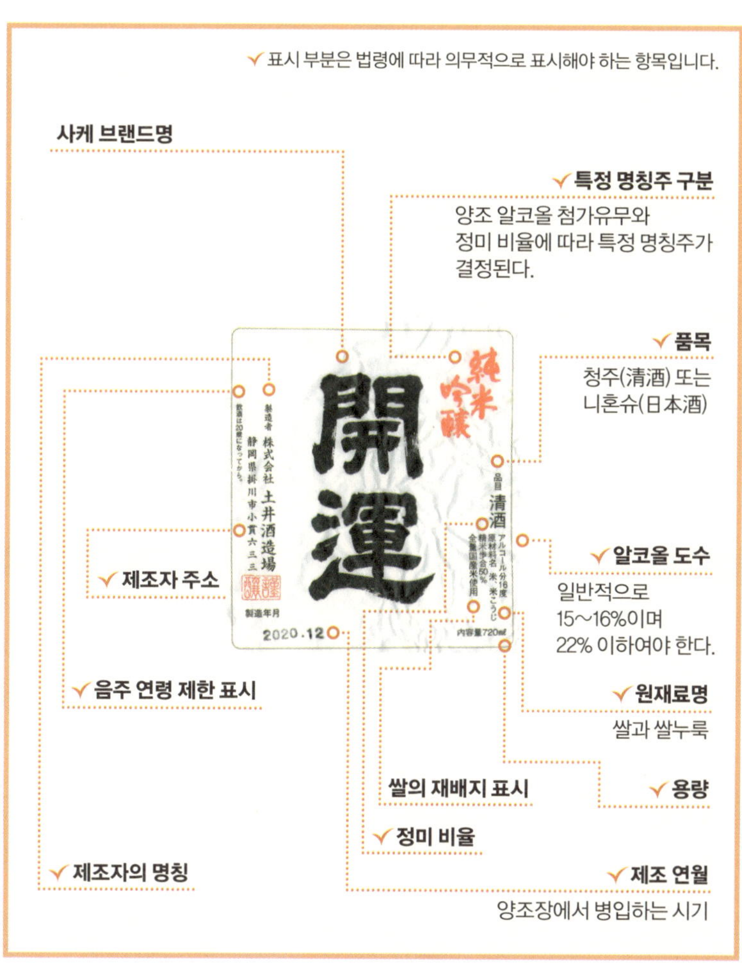

정면 라벨의 표시 설명

〈라벨에 표기할 수 있는 특정 명칭주〉

- 쥰마이다이긴죠純米大吟釀

- 쥰마이긴죠純米吟釀

- 쥰마이슈純米酒

- 토쿠베츠 쥰마이特別純米

- 혼죠조本釀造

- 토쿠베츠 혼죠조特別本釀造

- 다이긴죠大吟釀

- 긴죠吟釀

다음은 사케 라벨 뒷면입니다. 뒷면 라벨은 정면 라벨에서 담지 못한 추가 정보를 보충하는 용도로 사용되며, 정면 라벨이 적당히 크고 상세한 경우에는 생략되기도 합니다.

뒷면 라벨에서 '제조 연월'은 실제 양조 완성 시기가 아닌 병입 날짜를 기준으로 하고, 서기나 일본 연호로 표기됩니다. 일본 연호의 경우 레이와令和는 'R', 이전의 헤이세이平成는 'H'로 표기하며, 레이와 1년 (R1)은 2019년부터 시작됩니다. 2019년이 헤이세이 31년이자 레이와 1년이었으므로 참고하십시오.

| ① 山廃仕込 | ② 特別純米 | ③ 原酒 | ④ 参年熟成 | | |
|---|---|---|---|---|---|
| ⑤ 日本酒度 | ＋２ | ⑥ 酸度 | | | ２．０ |
| ⑦ アミノ酸度 | １．７ | ⑧ 杜氏 | | | 横坂安男 |
| ⑨ 使用酵母 | 蔵付酵母 | 酒造年度 ⑩ | | | ２８ＢＹ |

| ⑪ 品　目 | **日　本　酒** |
|---|---|
| ⑫ 内容量 | 720mℓ |
| アルコール分 ⑬ | １７度 |
| 原材料名 ⑭ | 米（国産）米こうじ（国産米） |
| 精米歩合 ⑮ | ６０％ |
| ⑯ 原料米 | 滋賀県産　山田錦　　6%（酒母）<br>滋賀県産　たかね錦94%（もろみ） |
| 製造年月 ⑰ | 2年 7. 月 |
| ⑱ 製造者 | 上原酒造株式会社<br>滋賀県高島市新旭町太田1524 |
| ⑲ TEL | 0740-25-2075 |
| E-mail ⑳ | furo-sen@ex.bw.dream.jp |
| | ㉑ お酒は20歳になってから |

① **주모 계열 표시** 야마하이

② **특정 명칭주 구분** 토쿠베츠 쥰마이

③ **원주 여부** 가수하지 않은 겐슈

④ **숙성 연도 표시** 3년 숙성

⑤ **니혼슈도** 단맛의 정도 표시 : +2

⑥ **산도** 산미의 정도표시 : 2.0

⑦ **아미노산도** 아미노산의 정도 표시 : 1.7

⑧ **토지 이름** 양조 책임자의 이름 : 横坂安男

⑨ **효모** 양조장 내 천연 효모 사용

⑩ **주조연도** 2016년 Brewed Year

⑪ **품목** 日本酒

⑫ **용량** 720mℓ

⑬ **알코올 도수** 17%

⑭ **원재료명** 쌀, 쌀누룩

⑮ **정미 비율** 60%

⑯ **원료쌀** 야마다니시키 : 주모, 타카네니시키 : 모로미

⑰ **제조 연월** 실제 출하 연도 : 2020년 7월

⑱ **제조자** 양조장과 주소 : 우에하라 주조, 시가현 타카시마시

⑲ **전화번호** 양조장 전화번호

⑳ **이메일** 양조장 이메일

㉑ **음주 연령 제한 문구** 20세부터 음주 가능

## 사케 라벨만 보고도 예상할 수 있는 맛과 스토리

일반적으로 사케 라벨은 정면에 브랜드명과 주요 정보만 표시하고 세부 사항은 뒷면에 기재하지만, '카메이즈미'라는 브랜드는 이러한 관행을 깨고 정면에 사케의 모든 정보를 상세히 표기하는 특별한 방식을 택했습니다. 정면에 세부 사항이 큼지막하게 표기되어 있으니 알아보기 쉽습니다. 이 독특한 라벨을 통해 사케의 주요 정보를 추가로 살펴보겠습니다.

일반적인 관행을 깬 카메이즈미龜泉 라벨

### 카메이즈미

카메이즈미龜泉는 사케 브랜드명입니다. 카메이즈미는 네 개의 큰 섬 중 가장 작은 섬인 시코쿠 고치현의 대표적인 사케입니다.

### 쥰마이긴죠겐슈

쥰마이긴죠겐슈純米吟釀原酒라는 표기에서는 세 가지 특징을 알 수 있습니다. 쥰마이純米는 한자 그대로 '순미'입니다. 양조 알코올 없이 순수하게 쌀로만 술을 빚었다는 말입니다. 긴죠吟釀는 정미 비율이 60% 이하인 사케입니다. 겐슈原酒는 '원주'라는 한자음처럼 술이 완성된 원액 그대로를 말하며, 맛을 조정하기 위한 가수加水 작업을 하지 않았다는 뜻입니다. 순수하게 60%로 정미된 쌀로만 빚고 물을 타지 않고 양조했기 때문에 쌀의 감칠맛이 강하게 나고 긴죠향이 퍼지며 다소 묵직한 맛을 예상할 수 있습니다.

### 효모

사케는 사용한 효모酵母의 종류에 따라 맛이 크게 좌우됩니다. 카메이즈미는 CEL-24를 사용했는데, 이 효모는 단맛을 내는 대표적인 효모입니다. 이 효모를 사용한 사케는 기본적으로 단맛이 나기 때문에 여성이나 사케 초보자를 주 타겟으로 하는 사케를 만드는 데 주로 사용됩니다.

## 알코올 도수

이 항목은 알코올 도수アルコール分를 말합니다. 14%로 되어 있는데, 일반적으로 15~16%가 가장 많습니다. 이 술의 알코올 도수는 일반적인 도수보다 다소 낮아 부드럽게 즐길 수 있습니다.

## 니혼슈도

니혼슈도日本酒度는 사케의 단맛을 측정하는 지표입니다. 이론상 0이 기준점이지만, 업계에서는 +3 정도를 보통 단맛의 기준으로 삼습니다. 수치가 플러스로 갈수록 드라이한 맛이 강해지고, 마이너스로 갈수록 달콤한 맛이 강해지는데, 이 사케의 경우 -13이니 매우 높은 당도의 술입니다.

## 산도

산도酸度는 단순히 얼마나 신맛이 나는지, 즉 산미의 정도를 나타내는 지표이지만, 사케에서는 얼마나 농후하고 묵직한지 바디감과 농도를 나타내는 척도로 보면 됩니다. 업계 평균이 약 1.4 전후인데, 이보다 높을수록 바디감이 있는 진한 맛이 나며, 이보다 낮을수록 가볍고 산뜻한 맛이 납니다. 이 사케의 산도는 1.7로, 평균보다 높아 풍부한 바디감과 깊은 맛을 지닌 농후한 사케임을 알 수 있습니다.

## 아미노산도

아미노산도<sup>アミノ酸度</sup>는 사케의 맛과 풍미에 영향을 주는 아미노산의 함량을 말하며 감칠맛의 정도를 나타내는 수치입니다.

## 원재료명

원재료명<sup>原材料名</sup>에는 주세법상 청주<sup>清酒</sup>를 만드는 기본 재료인 쌀, 쌀누룩, 물이 표기되며, 단순히 쌀과 쌀누룩이라고 쓰기보다 국내산임을 강조하거나 인기있는 지역 쌀을 사용했거나 사케 전문 주조호적미를 사용했다고 기재하는 경우가 대부분입니다. 의무적으로 기재해야 하는 필수 항목입니다.

## 정미보합

우리가 쓰는 한자와 조금 다른 의미로 사용합니다. 일반적으로 우리는 정미 비율이라고 하는데, 일본어에서는 '정미보합<sup>精米歩合</sup>'이라고 쓰고, '세이마이부아이'라고 읽습니다. 이 사케는 50%의 정미 비율로 특정 명칭주 중 쥰마이긴죠에 해당합니다.

## 나마자케<sup>生酒</sup>

나마자케<sup>生酒</sup> 표시는 양조장 입장에서 의무 기재 사항은 아닙니다. 해당 브랜드에서 강조하고 싶은 포인트를 별도의 빨간색으로 표시한 것인데, 나마자케 표시는 사케를 만들 때 열처리를 전혀 하지 않은 생주임을 나타냅니다. 일반적으로 사케는 제조 직후와 병입 시 총 두 번의 열처리를 하지만, 나마자케는 이 과정을 거치지 않아 신선한 맛이 특징입니다. 단, 시간이 조금만 지나거나 보관을 잘못하면 금방 맛이 변해 버리기 때문에 빠른 품질 변화를 막기 위해 반드시 냉장 보관을 해야 하는 술입니다. 이러한 특성 때문에 일본의 대도시나 한국에서는 구하기 어려운 사케입니다.

이렇게 사케 라벨 읽는 법을 설명했습니다. 여기까지 이해하셨다면 이제 사케 라벨만 보고도 사케의 맛을 어느 정도 예상할 수 있는 수준이 되었습니다. 라벨을 읽을 수 있다는 것은 사케에 대한 시야가 넓어진 것을 의미하며, 라벨을 통해 사케의 정보를 얻을 수 있고 다른 사람에게 설명할 수 있는 수준이 되었다는 뜻입니다. 사케를 아는 만큼 즐길 수 있는 세계로 한 걸음 더 들어온 것입니다.

# 사케는
# 어떻게 만들어질까?
## : 사케의 제조 과정

술은 제조 방식에 따라 크게 양조주, 증류주, 혼성주로 구분됩니다. 맥주, 와인, 사케와 같이 곡물이나 과일을 발효시켜 만든 술을 양조주라고 합니다. 이 양조주를 다시 증류하여 만든 술은 증류주가 되며, 양조주와 증류주를 혼합하거나 증류주에 향료나 과즙을 첨가한 술은 혼성주로 분류됩니다.

특히 사케는 쌀을 원료로 하는 양조주이지만, 일반적인 양조 과정과는 차별화된 독특한 제조 방식으로 만들어집니다.

술의 제조 과정에서 알코올은 효모가 당분을 분해하면서 만들어지는데, 이는 발효 방식에 따라 세 가지로 나눌 수 있습니다. 와인의 경우 포도에 이미 당분이 들어있어 효모가 이를 직접 발효시키는 단발효單発酵

제조법에 따른 양조주, 증류주, 혼성주의 세 가지 분류

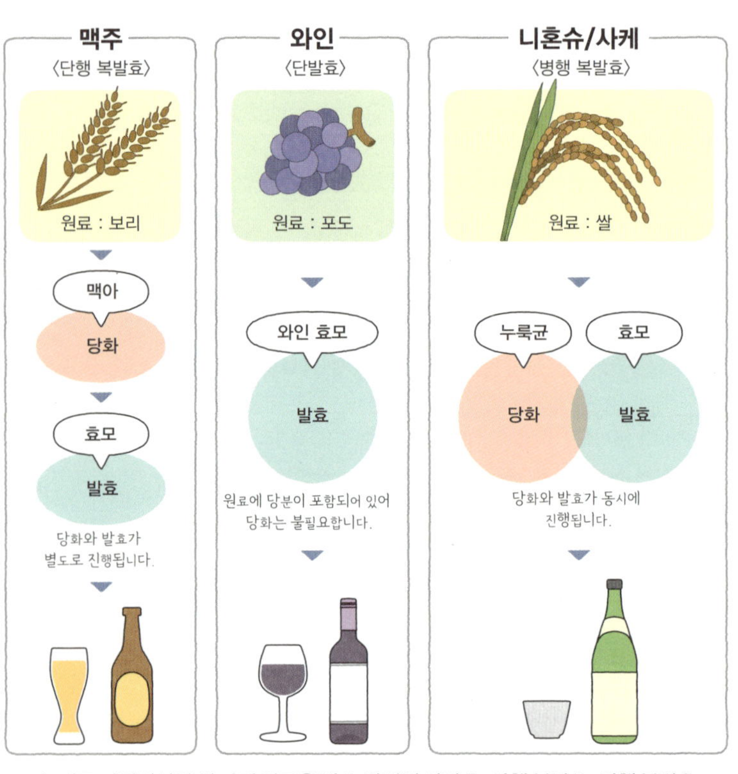


술 제조 과정에서의 세 가지 알코올 발효 방식인 단발효, 단행 복발효, 병행 복발효

방식을 사용하고, 맥주는 당화와 알코올 발효가 순차적으로 진행되는 단행 복발효<sup>單行複発酵</sup> 방식을 따르며, 사케는 쌀 자체에 당분이 없기 때문에 누룩균으로 당화를 시키면서 동시에 효모가 생성된 당분을 알코올로 전환하는 병행 복발효<sup>平行複発酵</sup> 방식을 사용합니다.

사케는 보통 겨울철에 기온이 낮은 환경에서 만들어집니다. 차가운 날씨는 잡균의 번식을 억제해 보다 깨끗한 환경에서 술을 빚을 수 있습니다. 이제 사케가 어떤 과정을 거쳐 완성되는지 자세히 살펴보겠습니다.

사케 제조 공정

## 1단계: 정미

정미<sup>精米</sup>는 쌀의 겉 부분을 깎아내는 과정으로, 도정이라고도 합니다. 쌀의 겉 부분에 포함된 지방, 미네랄, 단백질 성분들은 사케의 섬세한 맛과 향에 영향을 주기 때문에 사케용 쌀은 중앙의 하얀 부분인 심백만 남도록 깎아냅니다. 일반 식용 쌀은 약 90%만 정미하지만 사케용 쌀은 이보다 훨씬 더 많이 깎아내는 것이 특징입니다. 깎아낼수록, 즉 정미 정도가 높을수록 시간이 오래 걸리고 비용이 많이 들어 사케의 가격도 비싸집니다.

정미 비율은 정미 과정 후 남은 쌀의 비율을 말합니다. 일본에서 가장 대중적이고 쉽게 구할 수 있는 사케인 후츠슈普通酒는 80%대의 정미 비율을 가지며, 혼죠조는 70% 이하, 긴죠는 60% 이하, 다이긴죠는 50% 이하의 정미 비율로 제조됩니다. 70% 이하부터는 특정 명칭주라고 불리는 고급 사케입니다.

① 사케를 만드는 전용 쌀인 주조호적미 중에서도 최고급이라 불리는 야마다니시키의 현미
② 식용 쌀의 최고급이라 불리는 코시히카리의 현미
③ 35%가 남을 때까지 정미한 야마다니시키 35%

## 2단계: 세미·침지·증미

세미洗米는 정미한 쌀을 깨끗이 씻어 쌀겨를 완전히 제거하는 과정입니다. 이 과정은 쌀 표면에 남아 있는 불순물을 없애고, 발효 과정에서의 품질을 높이기 위한 필수 단계입니다.

침지浸漬는 세미가 완료된 쌀을 약 10~15℃ 정도의 물에 담가 쌀의 중심부까지 물이 고르게 스며들게 하는 과정입니다. 이 과정에서 쌀이 물을 흡수해 쌀 자체 중량의 약 30%가 늘어나며, 이렇게 물이 충분히 스며들면 이후 당화 작용이 원활하게 이루어집니다.

증미蒸米는 침지가 끝난 쌀을 약 1시간 동안 증기로 찌는 단계입니다. 일반 식용 쌀은 물에 끓여 밥을 하지만, 사케용 쌀은 증기로 찌는 방식을 사용합니다. 이는 수분을 적절하게 유지하면서도 찰기를 줄여 발효에 적합한 상태로 만들기 위함입니다. 이렇게 만들어진 찐 쌀은 발효 과정의 핵심 요소가 되어 사케 특유의 부드러운 맛을 완성하는 데 중요한 역할을 합니다.

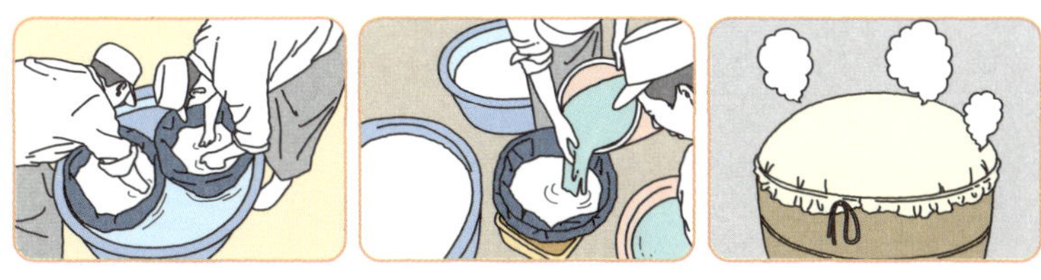

세미 → 침지 → 증미의 과정

### 3단계: 제국(누룩 만들기)

　제국製麴은 찐 쌀에 누룩균을 뿌려 누룩을 만드는 과정입니다. 포도처럼 당분이 자연적으로 포함된 재료는 발효가 쉽게 이루어지지만, 쌀에는 당분이 없기 때문에 누룩균이 쌀의 전분을 당으로 바꿔 주는 과정이 필요합니다. 이때 만들어진 당분은 효모에 의해 알코올로 변하게 되며, 전체 찐 쌀의 약 20%가 이 과정에서 누룩으로 사용됩니다. 누룩을 만드는 과정은 사케의 발효를 안정적으로 진행하기 위한 필수적인 단계입니다.

누룩 만들기

# 4단계: 주모 만들기

주모酒母는 단어 뜻 그대로 '술의 어머니'를 의미합니다. 이는 알코올 발효를 촉진하는 효모를 배양한 것으로, 사케 제조의 가장 기본이 되는 공정입니다. 모토酛라고도 불리는데, 한자는 다르지만 '근원' 또는 '기원'이라는 의미를 담고 있어 사케를 빚는 초기 과정을 뜻합니다.

주모의 품질을 결정하는 두 가지 핵심 요소가 있습니다. 첫째는 우량한 효모를 다량 함유하는 것이고, 둘째는 적절한 산성도를 유지하는 것입니다. 특히 산성 성분은 발효 과정에서 사케를 부패시키는 세균을 억제하는 중요한 역할을 합니다.

주모 제조 방식은 전통 방식과 현대 방식이 있습니다.

전통 방식으로는 자연 유산균을 활용하는 키모토生酛와 야마하이山廃 방식이 있습니다. 이 방법들은 자연 유산균으로 잡균을 제거하고 효모가 활동하기 좋은 환경을 조성합니다. 이 두 방식의 차이점은 야마오로시山卸し라는 으깨면서 저어 주는 중노동 작업의 유무에 있습니다. 이 작업을 수행하면 키모토, 생략하면 야마하이 방식이 됩니다.

현대 방식으로는 소쿠죠모토速醸酛 방식이 있는데, 이는 양조 유산균을 직접 첨가하여 주모를 제조하는 방법입니다. 제조 기간을 비교하면 소쿠죠모토는 약 2주가 소요되지만 키모토와 야마하이는 약 한 달이 걸립니다. 현재는 신속한 주조와 맛의 균일화를 위해 90% 이상의 양조장이 소쿠죠모토 방식을 채택하고 있습니다.

주모 만들기

## 5단계: 술덧(모로미) 만들기

술덧 만들기는 사케 제조의 핵심 발효 과정입니다. 이는 주모를 커다란 탱크에 붓고 찐 쌀, 누룩, 물을 단계적으로 첨가하여 발효를 촉진하는 과정으로, 세 번에 걸쳐 나눠 담기 때문에 산단지코미三段仕込み라고도 부릅니다. 4일에 걸쳐 진행되는 이 과정은 알코올 발효를 균일하고 안정적으로 끌어내는 중요한 절차입니다.

술덧 제조의 3단계는 다음과 같습니다. 세 번의 담금에는 각각 이름이 있습니다. 첫 번째 담금을 하츠조에初添(초첨), 두 번째 담금을 나카조에仲添(중첨), 마지막 담금을 토메조에留添(유첨)이라고 부릅니다.

첫째 날 담금은 하츠조에初添입니다.

주모에 약 1/6의 찐 쌀과 누룩을 넣어 발효를 시작합니다.


둘째 날은 휴지기입니다.

새로운 재료를 넣지 않고, 효모가 충분히 증식할 수 있도록 발효를
쉬게 합니다.


셋째 날 담금은 나카조에仲添입니다.

약 2/6의 찐 쌀과 누룩을 추가하여 발효를 지속합니다.


넷째 날 담금은 토메조에留添입니다.

마지막으로 남은 3/6의 찐 쌀과 누룩을 넣어 발효를 마무리합니다.

술덧 만들기

이처럼 술덧을 세 번에 나누어 만드는 이유는 발효의 균일성을 확보하기 위해서입니다. 모든 재료를 한 번에 투입할 경우 발효가 불균형하게 진행되어 세균이 번식하거나 발효가 중단되거나 술이 부패할 위험이 있습니다. 이러한 세밀한 단계별 과정을 통해 사케 특유의 섬세한 맛이 완성됩니다.

## 6단계: 짜내기

발효가 완료되면 사케를 추출하기 위해 술덧을 짜내는 과정上槽이 필요합니다. 이 과정을 압착 또는 사케시보리라고 부릅니다. 사케를 짜내는 방식에는 크게 세 가지가 있으며, 각 방식에 따라 사케의 특성이 달라 맛과 향에 차이가 있습니다.

첫 번째 방식은 후네시보리槽搾り입니다.

술 자루에 술덧을 넣고 사케 압착 전용 용기인 주조酒槽에 겹겹이 쌓아 둡니다. 자루의 자연적인 무게로 사케가 천천히 흘러내리도록 하는 전통적인 방식입니다.

두 번째는 야부타식ヤブタ式입니다.

현대적인 압착 기계를 사용하여 사케를 짜내는 방식으로, 기계 제조사의 이름을 따서 명명되었습니다. 최신 기술을 사용하여 기계의 효율성을 높인 대량 생산에 유리한 방식입니다.

세 번째는 후쿠로츠리袋吊り입니다.

술 자루에 술덧을 넣은 후 어떠한 압력도 가하지 않은 채, 자연적으로 떨어지는 사케를 받아내는 방식입니다. 이 방식은 가장 정교한 추출 방식으로, 손이 많이 가고 시간이 오래 걸려 매우 고급스럽고 비싼 사케를 만드는 데 사용됩니다. 이 방식으로 생산된 사케는 '시즈쿠사케'나 '후쿠로시보리'라고 불리며, 품질이 뛰어난 것으로 평가받습니다. 그만큼 가격도 높습니다.

야부타식 짜내기

## 7단계: 찌꺼기 분리와 여과

사케를 짜내는 과정이 끝난 후, 갓 짜여진 사케에는 약간의 탁한 성분이 포함될 수 있습니다. 그러한 사케를 더욱 맑고 투명하게 만들기 위해 여과 작업이 필요합니다. 여과를 통해 사케의 불순물과 탁한 성분이 제거되면서 사케는 청정한 상태로 변화됩니다.

한 번 여과되었더라도, 저장 중에 사케의 투명도가 다시 떨어지는 경우가 있습니다. 이는 사케에 포함된 단백질이 변성되면서 용해되지 않기 때문입니다. 이를 해결하기 위해 활성탄 여과를 추가로 사용해 더욱 맑은 사케로 만드는 과정이 진행됩니다.

하지만 최근에는 여과 과정을 거치지 않고 신선한 맛을 유지하는 무로카無濾過 사케가 많은 사랑을 받고 있습니다. 무로카 사케는 여과하지 않은 특유의 진한 풍미와 신선함으로, 여과된 사케와는 다른 매력을 지니고 있어 새로운 트렌드로 자리 잡고 있습니다.

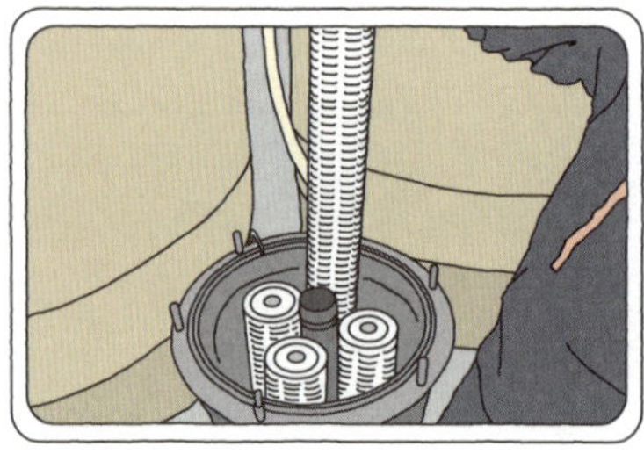

여과 작업

 CHAPTER 01
**이것만 알아도 사케 전문가**

## 8단계: 열처리

사케는 찌꺼기 분리와 여과 작업 후, 히이레라는 저온 열처리 과정을 거쳐 살균합니다. 이때 사용하는 온도는 60~65℃ 정도로, 끓는 물에 살균하는 것이 아니라 저온에서 부드럽게 처리하는 방식입니다. 열처리의 목적은 단순히 살균만이 아니라 효소의 활동을 멈추게 하여 사케의 당화 과정과 향의 변화를 막는 데 있습니다.

효소가 계속 활동하면 당분이 점점 늘어나 단맛이 강해지고, 사케의 향도 변할 수 있기 때문에 이 과정을 통해 사케의 맛과 향을 일정하게 유지합니다. 대부분의 사케는 짜낸 직후 한 번, 그리고 저장 후 병입할 때 다시 한 번, 총 두 번에 걸쳐 저온 살균을 진행합니다.

열처리를 두 번 모두 하지 않은 사케는 나마자케生酒라고 불리며, 처음 한 번만 열처리한 사케는 나마츠메生詰め, 두 번째 열처리만 거친 사케는 나마쵸조生貯蔵라고 합니다. 이런 차이는 사케의 신선도와 맛에 영향을 주며, 각 방식에 따라 다양한 맛의 변주를 경험할 수 있습니다.

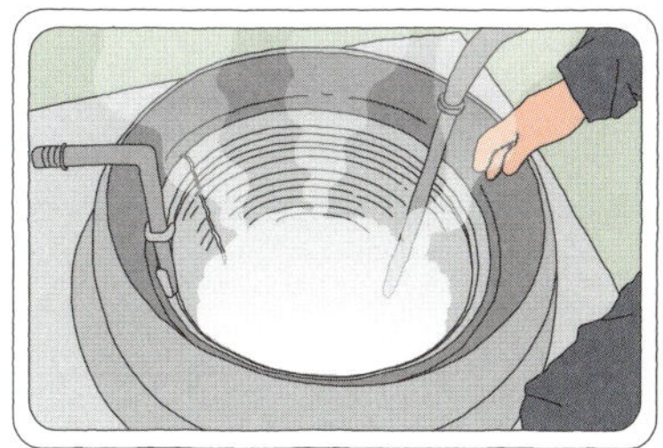

(좌)쟈칸蛇管을 이용한 열처리 방식, (우)빙칸瓶燗 열처리 방식

## 9단계: 저장과 숙성

저온 살균을 마친 사케는 열로 인해 일시적으로 향과 맛이 거칠어지기 때문에 이를 안정시키기 위해 6개월에서 1년 정도 숙성 과정을 거칩니다. 대부분의 사케는 가을부터 겨울에 걸쳐 제조되며, 이후 봄에 바로 신주로 출하되기도 하고 여름까지 숙성된 후 가을에 출하되기도 합니다. 이러한 숙성된 사케를 '히야오로시'라고 부르며, '아키아가리'라고 표현하기도 합니다. 또한 몇 년 동안 장기 숙성한 고주古酒도 있으며, 이 과정에서 사케는 더욱 깊고 풍부한 맛을 지니게 됩니다.

사케의 저장과 숙성

## 10단계: 조정과 병입

숙성을 마친 사케는 알코올 도수가 17~20% 정도로 높기 때문에 대부분 물을 타서 알코올 도수를 조정하는 과정을 거칩니다. 이를 와리미즈라고 하며, 일반적으로 15% 정도로 맞춥니다. 이러한 과정을 쵸세이調整라고 하고, 쵸세이를 하지 않은 사케는 겐슈原酒라고 부릅니다.

완성된 사케는 병입을 하거나 저장탱크로 이동되는 데 이 날짜가 사케의 양조 기준일Brewed Year, BY이 됩니다.

사케를 만드는 데는 보통 약 3~4개월이 걸립니다. 최근에는 전통적인 방식에서 벗어나 다양한 시도가 이루어지고 있는데, 예를 들어, 사케에 인공 향료를 첨가해 법적으로 청주로 분류되지 않는 제품을 만들어 내거나 여과와 열처리, 물을 더하는 가수加水 과정을 생략한 무로카나마겐슈無濾過生原酒와 같은 사케를 출시해 큰 인기를 끌기도 합니다.

가수 작업과 병입 작업

이렇게 해서 사케의 제조 공정을 모두 살펴보았습니다. 사케의 제조 공정을 이해하면 사케 라벨에 적힌 정보의 의미를 더 잘 이해하게 되고, 마시기 전에 사케의 맛을 어느 정도 예측할 수 있어 보다 더 사케를 즐길 수 있습니다. 사케는 많이 알수록 그 즐거움도 깊어집니다.

# 특정 명칭주,
# 고급 사케의 조건
## : 특정 명칭주 이해하기

일본 사케에는 고급 등급인 '특정 명칭주特定名称酒'라는 특별한 분류 체계가 있습니다. 특정 명칭주는 엄선된 원료와 정교한 양조 기술을 바탕으로 제조되어 품질이 뛰어난 프리미엄 사케를 의미합니다.

대표적인 특정 명칭주로는 정미 비율이 낮은 최고급 사케인 쥰마이 다이긴죠純米大吟醸를 비롯해, 깔끔하고 향긋한 맛이 특징인 긴죠吟醸, 그리고 쌀을 70% 이하로 정미하고 전통적인 제조 방식을 고수하는 편인 혼죠조本醸造 등이 있습니다. 이러한 특정 명칭주들은 일반 테이블 사케인 후츠슈普通酒와는 확연히 구분되는 고급 주류입니다.

특정 명칭주 라벨을 사용하기 위해서는 일본 정부가 정한 엄격한 기준을 충족해야 합니다.

첫 번째 기준은 원료의 순수성입니다.

이는 사케가 순수하게 쌀만으로 만들어졌는지, 아니면 양조 알코올이 첨가되었는지를 구분하는 것입니다. 순수 쌀로만 만든 사케에는 쥰마이純米라는 단어가 붙습니다. 양조 알코올이 들어갔다면 쥰마이라는 단어가 붙지 않습니다. 예를 들어 다음의 사케들은 모두 양조 알코올 없이 100% 쌀로만 만든 제품들입니다.

- 쥰마이슈
- 쥰마이긴죠
- 쥰마이다이긴죠
- 토쿠베츠 쥰마이슈

두 번째 기준은 정미 비율입니다.

정미 비율精米步合은 현미 상태의 쌀을 깎아내고 남은 쌀의 비율을 뜻하며, 정미보합 또는 도정률이라고도 합니다. 정미 비율이 낮을수록 더 많은 쌀을 깎아낸 것이므로, 더 고급 사케가 됩니다. 정미 비율에 따른 등급 구분은 다음과 같습니다.

- 혼죠조: 70% 이하
- 긴죠: 60% 이하

- 다이긴죠: 50% 이하

이 두 가지 기준을 조합하여 사케의 등급이 결정됩니다. 예를 들어, 양조 알코올을 첨가하지 않고(순수 쌀) 정미 비율이 55%(60% 이하) 인 사케는 쥰마이긴죠에 해당합니다.

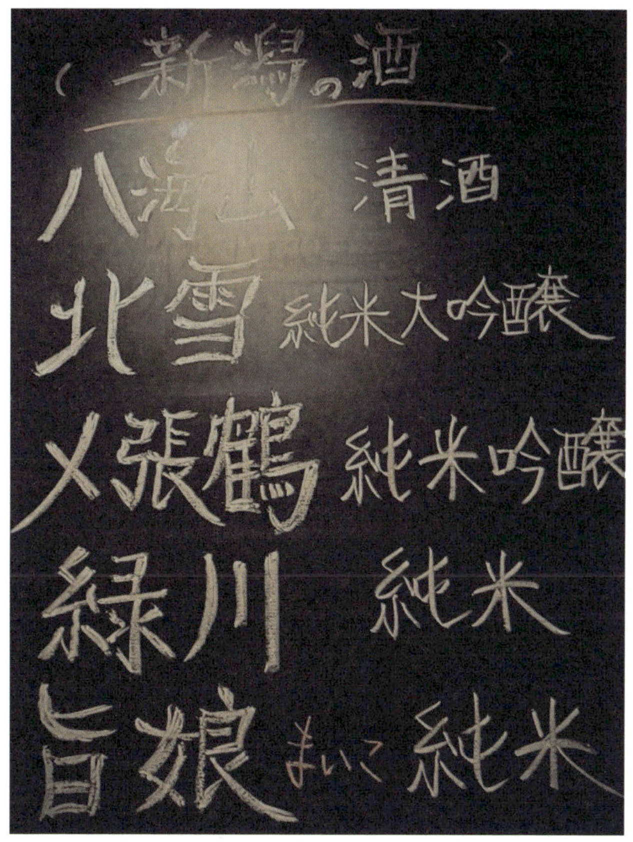


니가타현 브랜드의 특정 명칭주가 적힌 사케 바의 메뉴 예

## 특정 명칭주의 종류

일본 사케의 특정 명칭주는 크게 8가지가 있으며 순수 쌀로만 만드는 '무첨가 계열'과 양조 알코올을 첨가하는 '첨가 계열'로 나눌 수 있습니다.

먼저 무첨가 계열을 살펴보면 가장 기본은 쥰마이슈純米酒입니다. 쥰마이슈는 쌀과 쌀누룩 그리고 물만으로 만든 순수한 사케로, 정미 비율에 대한 제한은 없지만 일반적으로 쌀을 충분히 깎아내어 고유의 깊고 풍부한 맛을 만들어 냅니다. 한 단계 더 높은 등급인 쥰마이긴죠純米吟醸는 정미 비율 60% 이하의 쌀로 만들며, 저온 발효를 통해 발효 과정이 정교하게 이루어집니다. 과일 향과 섬세한 맛이 특징입니다. 무첨가 계열의 최고급 사케인 쥰마이다이긴죠純米大吟醸는 정미 비율 50% 이하의 고도로 정미된 쌀로 만들어 부드러운 목 넘김과 풍부한 향미를 자랑합니다.

특별한 제조 방식을 적용한 토쿠베츠 쥰마이슈特別純米酒도 있는데, 이는 주로 정미 비율 60% 이하의 특별한 쌀 품종을 사용하거나 독특한 양조 방식을 적용하여 만듭니다. 일반 쥰마이슈보다 더욱 엄격한 기준으로 제조되어 특별한 품질을 인정받은 사케입니다.

양조 알코올 첨가 계열에서는 혼죠조本醸造가 기본이 됩니다. 정미 비율 70% 이하의 쌀에 소량의 양조 알코올을 첨가하여 만드는데, 깔끔한 맛과 선명한 알코올 향이 특징입니다. 긴죠吟醸는 정미 비율 60%

이하의 쌀을 사용하고 은은하게 올라오는 향이 특징이며, 최고급 사케인 다이긴죠大吟釀는 정미 비율 50% 이하의 쌀을 사용하며, 쥰마이다이긴죠와 비슷한 수준의 고급스러운 향과 부드러운 질감을 지닙니다. 토쿠베츠 혼죠조特別本釀造는 혼죠조의 프리미엄 버전으로, 특별한 양조 조건을 충족하여 일반 혼죠조보다 더 뛰어난 품질을 보여줍니다.

이러한 특정 명칭주의 세부 분류는 소비자들이 사케를 선택할 때 중요한 기준이 됩니다. 일반적으로 정미 비율이 낮을수록, 그리고 양조 알코올을 첨가하지 않은 제품일수록 더 고급 사케로 인정받지만, 각각의 등급이 지닌 고유한 특징과 맛이 있어 개인의 취향과 상황에 따라 적절한 선택이 가능합니다.

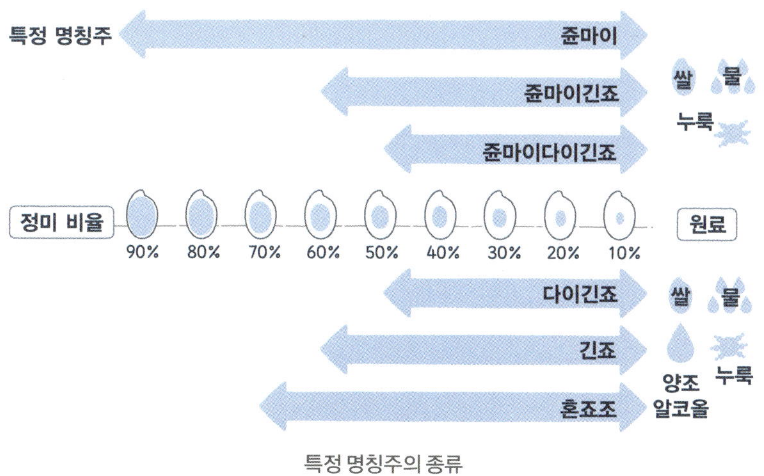


특정 명칭주의 종류

## 최고급 쥰마이다이긴죠만을 생산하는 닷사이

프리미엄 사케 브랜드 닷사이獺祭는 최고급 등급인 쥰마이다이긴죠만을 생산하며 뛰어난 품질로 명성을 얻고 있습니다. 특히 면세점에서도 쉽게 찾아볼 수 있을 만큼 국제적으로도 인정받는 사케 브랜드입니다.

닷사이의 가장 큰 특징은 제품 명명 방식에 있습니다. 일반적인 사케 브랜드들이 특별한 제품에 고유한 이름을 붙이는 것과 달리, 닷사이는 정미 비율을 직접적으로 제품명에 사용합니다. 예를 들어 정미 비율 45%의 제품은 아라비아 숫자 그대로 45로 표기합니다. 더욱 흥미로운 점은 정미 비율이 매우 낮은 프리미엄 제품들의 명명 방식입니다. 정미 비율 23%와 39%의 제품은 일본의 전통적인 소수 단위인 '와리割'와 '부分'를 활용하여 각각 니와리산부2割3分, 산와리큐부3割9分로 표기합니다. 이는 한국에서 과거에 사용하던 할, 푼, 리와 같은 소수점 체계와 유사한 개념입니다.

이러한 닷사이의 독특한 제품 명명 방식은 단순히 정미 비율을 표시하는 것을 넘어, 일본의 전통적인 수치 표기 방식을 현대적으로 계승하고 있다는 점에서 의미가 있습니다. 또한 정미 비율을 직접적으로 표기함으로써 소비자들에게 제품의 품질과 가치를 명확하게 전달하고 있습니다.

사케의 세계는 마치 와인처럼 다양한 등급과 특징을 가지고 있습니다. 각 양조장들은 프리미엄 사케인 여러 특정 명칭주를 생산하여 깊

닷사이 39, 23, 45

이 있는 맛과 뛰어난 품질로 사케 애호가들의 신뢰를 얻고 있습니다.

이러한 특정 명칭주들이 사케의 정점을 보여 준다면 보통주인 후츠슈는 사케의 대중적인 매력을 대표한다고 할 수 있습니다. 후츠슈는 대량 생산 방식으로 만들어져 합리적인 가격에 제공되기 때문에 일상적으로 즐기기에 부담이 없습니다. 또한 무난한 맛과 향으로 사케를 처음 접하는 사람들도 편하게 즐길 수 있다는 장점이 있습니다.

이제 특정 명칭주의 세계를 살펴보았으니, 일본 사케 시장의 대부분을 차지하는 후츠슈에 대해 자세히 알아보겠습니다. 후츠슈는 어떤 특징을 가지고 있으며, 어떤 방식으로 만들어지는지, 또 어떻게 즐기면 좋을지 살펴보겠습니다.

## 일본 사케 시장을 점령한 대중 사케 후츠슈

후츠슈普通酒는 일본어로 '보통주'를 의미하며, 특정 명칭주와 대비되는 일반적인 사케를 말합니다. 후츠슈의 주요 특징은 정미 비율이 90% 전후로 높고, 양조 과정에서 양조 알코올을 첨가하여 대량 생산에 적합하다는 점입니다. 일본의 슈퍼마켓이나 편의점에서 흔히 볼 수 있는 종이팩 사케가 대표적인 후츠슈입니다.

후츠슈는 와인으로 비유하자면 스크류캡이 달린 테이블 와인과 비슷한 개념입니다. 코스트코 같은 대형 마트에서 판매되는 대용량 종이팩 와인처럼 음미하기보다는 실용적인 용도로 사용되는 경우가 많습니다. 주로 요리용이나 간단히 마시기 위한 용도로 소비됩니다.

슈퍼마켓이나 대형 마트에서 파는 종이팩 사케와 와인

다이긴죠와 쥰마이다이긴죠

여기서 주목할 점은 종이팩에 담긴 사케가 모두 후츠슈는 아니라는 것입니다. 간혹 양조 알코올이 첨가되지 않은 쥰마이슈도 종이팩으로 판매되는데, 이는 쥰마이슈의 정미 비율 규정이 없기 때문입니다.

사케의 품질 유지를 위해서는 보관 방법도 중요합니다. 양조주는 빛을 차단하고 온도 관리가 잘 되는 병에 담아야 맛이 제대로 유지되므로, 종이팩에 담긴 저렴한 술은 가급적 피하는 것이 좋습니다. 많은 사람들이 이러한 저렴한 후츠슈만 경험한 후 "사케는 내 취향이 아니다"라고 단정짓곤 하지만, 제대로 된 특정 명칭주를 맛보면 사케에 대한 인식이 완전히 달라질 수 있습니다.

참고로, 한국에서 대량 생산되는 청주도 일본의 기준으로 보면 후츠 슈에 해당합니다. 이는 정미 비율과 제조 방식이 일본의 후츠슈와 유사하기 때문입니다. 따라서 진정한 사케의 매력을 경험하고 싶다면 특정 명칭주를 시도해 보는 것이 좋습니다.

## 사케를 선택할 때 알아두면 좋은 팁

특정 명칭주를 선택할 때는 단순히 등급만 보고 판단하기보다는 여러 요소를 종합적으로 고려해야 합니다. 같은 특정 명칭주라도 양조장에 따라 품질 차이가 있을 수 있기 때문입니다. 예를 들어, 최고급 등급인 쥰마이다이긴죠라 하더라도 양조장의 환경, 사용하는 쌀과 물의 품질, 제조 방식의 차이로 인해 기대에 미치지 못하는 경우가 있습니다.

반대로, 상대적으로 낮은 등급인 혼죠조나 쥰마이슈도 전통 있는 양조장의 뛰어난 기술력으로 만들어진 제품이라면 훌륭한 맛을 선보일 수 있습니다. 따라서 사케를 고를 때는 특정 명칭주라는 등급과 함께 양조장의 역사와 평판도 중요한 선택 기준이 되어야 합니다. 특히 슈퍼마켓이나 편의점에서 판매되는 일부 특정 명칭주는 등급에 비해 품질이 기대에 못 미치는 경우가 있으니 주의가 필요합니다.

최근 사케의 소비 트렌드를 보면 신선한 맛이 특징인 나마자케나 섬세한 향이 돋보이는 긴죠 계열 사케의 인기가 높아지고 있습니다. 특히 이러한 사케들은 와인 잔에 따라 마시면 풍미가 한층 깊어져 애호

입문자에게 적합한 (좌)미야칸바이와 (우)키도의 쥰마이긴죠

가들 사이에서 더욱 사랑받고 있습니다.

사케를 처음 접하시는 분들께는 후츠슈보다는 특정 명칭주를 추천합니다. 그중에서도 쥰마이긴죠는 향과 맛의 균형이 잘 잡혀 있고, 가격도 상대적으로 부담이 없어 입문자들에게 가장 적합한 선택이 될 수 있습니다. 이를 통해 사케의 진정한 매력을 경험할 수 있을 것입니다.


최고급 등급인 쥰마이다이긴죠가 고급스럽고 깊은 맛을 자랑하지만 가격이 높고 구하기 어려운 반면, 쥰마이긴죠는 비슷한 풍미를 더욱 합리적인 가격으로 즐길 수 있습니다. 일반 주류 판매점에서도 쉽게 구할 수 있어 접근성도 좋습니다. 특히 깔끔하고 섬세한 맛을 선호하는 여성 소비자들에게 좋은 선택이 될 수 있습니다.

현재 일본에는 1,300여 개의 사케 양조장이 있으며, 각 양조장은 최소 두 개 이상의 브랜드를 보유하고 있습니다. 여기에 특정 명칭주의 다양한 등급까지 고려하면 전체 사케 브랜드 수는 2만에서 3만 개에 이릅니다. 이처럼 방대한 사케 세계의 모든 브랜드를 알기는 불가능하지만, 특정 명칭주에 대한 기본적인 이해만으로도 자신의 취향에 맞는 사케를 고르는 데 큰 도움이 될 수 있습니다.

특정 명칭주에 대한 이해가 깊어지면서 한 가지 주의해야 할 점이 있습니다. 한국에서 사케를 판매하는 일부 주점에서는 아직도 브랜드명 대신 '다이긴죠', '쥰마이' 같은 특정 명칭주의 등급만을 메뉴판에 표기하는 경우가 있습니다. 이는 마치 와인을 주문할 때 특정 브랜드명 없이 '레드와인'이나 '화이트와인'으로만 표기하는 것과 같은 부적절한 표현입니다. 이러한 잘못된 표기를 발견하게 된다면 정중하게 바로잡아 주는 것도 사케 문화를 발전시키는 작은 실천이 될 수 있습니다.

쥰마이, 쥰마이다이긴죠 등이 메뉴 이름으로 잘못 표기된 한국 주점의 메뉴 예

# 사케 맛을 좌우하는
# 쌀 품종
## : 사케 전용 주조호적미 알기

와인을 만드는 포도 품종이 일반 식용 포도 품종과 다른 것처럼, 사케를 만드는 쌀도 일반 멥쌀과는 차이가 있습니다. 고품질 사케를 만들기 위해서는 특별한 쌀이 필요합니다. 바로 주조호적미酒造好適米, 일명 사카마이酒米입니다. 이는 일반 식용 멥쌀과는 다른 특성을 가지고 있으며 술을 빚기에 알맞은 사케 양조 전용 쌀입니다.

주조호적미는 일반 식용 쌀과 비교해 몇 가지 독특한 특징을 가지고 있습니다. 우선 쌀알이 크고 줄기가 길어 키가 크며, 쉽게 쓰러지는 특성이 있어 재배가 까다롭습니다. 가장 주목할 만한 특징은 쌀알 중심부에 있는 '심백心白'이라는 하얀 부분입니다. 이 심백은 사케 양조 과정에서 매우 중요한 역할을 하며, 정미 과정에서 이 부분을 잘 살려내면 사케의 향과 깊은 맛을 한층 더 끌어낼 수 있습니다.

주조호적미는 일본의 전체 쌀 생산량 중 단 1%에 불과할 정도로 귀한 품종입니다. 재배가 어렵고 생산량이 제한적임에도 불구하고, 고품질 사케 제조를 위해서는 없어서는 안 될 소중한 재료입니다. 이처럼 구하기도 재배하기도 어려운 특별한 쌀을 사용하기에 최고급 사케가 명품 와인처럼 프리미엄 가치를 인정받는 것입니다.

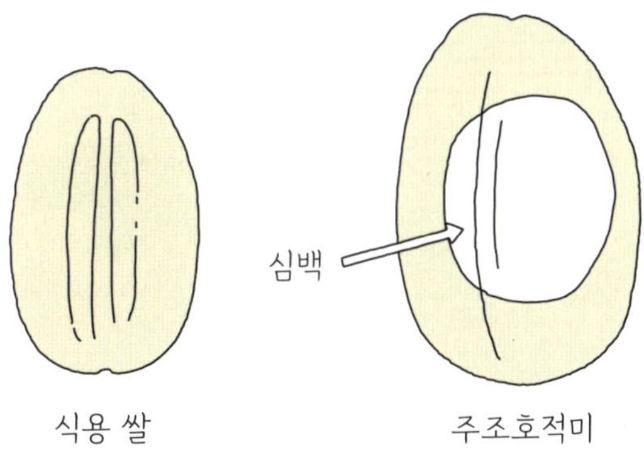


식용 쌀과 사케 전용 쌀의 비교

## 식용 쌀과 술쌀 비교하기

일본의 주조호적미 중에서도 가장 명성이 높은 품종은 야마다니시키山田錦입니다. '주조호적미의 왕'이라 불릴 만큼 최고급 사케 양조에 가장 적합한 품종으로 인정받고 있습니다. 일본 각 지역에는 그 지역을 대표하는 우수한 주조호적미가 있는데, 추운 기후에서도 잘 자라는 특성을 가진 홋카이도의 긴푸吟風, 오랜 전통을 자랑하는 고전적인 품종인 오카야마현의 오마치雄町, 산간 지역에 적합한 품종인 나가노현의 미야마니시키美山錦, 풍부한 맛을 내는 것으로 유명한 니가타현의 고햐쿠만고쿠五百万石 등이 있습니다.

이처럼 일본 전역에는 약 100여 종의 사케용 쌀이 있으며, 각 지역의 기후와 토양 조건에 맞게 개발되어 왔습니다.

일본 각 지역별 대표 주조호적미

일반 식용 쌀과 사케용 쌀인 주조호적미는 가공 방식에서도 큰 차이를 보입니다. 일반 식용 쌀은 정미 비율이 약 92%로, 겨우 8% 정도만 깎아내고 사용합니다. 그러나 주조호적미는 고품질 사케를 만들기 위해 쌀알 겉 부분의 단백질이나 지질을 더 많이 제거합니다. 이러한 성분들이 사케에 불필요한 잡맛을 만들어 낼 수 있기 때문입니다.

또 하나의 중요한 차이점은 조리 방식에 있습니다. 일반 식용 쌀은 물을 사용해 밥을 짓지만, 주조호적미는 증기로 쪄서 사용합니다. 이렇게 증기로 찐 쌀은 외경내연外硬内軟 상태가 되는데, 이는 겉은 단단하고 속은 부드러운 상태를 의미합니다.

이러한 상태는 누룩균이 쌀의 부드러운 내부로 더 잘 침투할 수 있게 되고, 양조 과정에서 쌀이 적절히 녹아들면서 사케 특유의 깊은 풍미를 만들어 냅니다.

①사이토노시즈쿠 현미 ②사이토노시즈쿠 55%
③야마다니시키 70% ④야마다니시키 40% ⑤사이토노시즈쿠 40%

## 주조호적미의 대표적인 품종

대표적인 주조호적미 품종들을 하나씩 살펴보겠습니다.


### 야마다니시키

'주조호적미의 왕'으로 불리는 야마다니시키山田錦는 1923년 효고현에서 야마다호山田穗와 탄칸와타리부네短稈渡船를 교배하여 개발되었습니다. 1936년 정식 품종으로 등록된 이후 일본 전역에서 널리 재배되고 있습니다.

이 품종은 특유의 향과 균형 잡힌 맛으로 큰 인기를 얻고 있으며, 사케의 깊은 향과 섬세한 맛을 완성하는 데 최적의 원료로 인정받고 있습니다. 특히 효고현 토죠 지역의 특 A 지구에서 재배된 야마다니시키는 최고급 품질로 평가받고 있으며, 이러한 명성 때문에 많은 양조장들이 자사 사케의 품질을 강조하기 위해 제품 라벨에 '야마다니시키 사용'이라고 표기하고 있습니다.

야마다니시키로 빚은 나베시마

### 고햐쿠만고쿠

'오백만석'이라는 뜻의 고햐쿠만고쿠五百万石는 1938년 니가타현에서 개발되어 1957년 정식 품종명을 얻었습니다.

이 이름은 니가타현의 쌀 생산량이 500만 석(약 75만 톤)을 달성한 것을 기념하여 지어졌습니다.

이 품종은 쌀알 중앙에 심백이 크고 뚜렷하게 형성되어 있어 주조용 쌀로 적합하나, 쌀의 구조적 특성상 정미 비율을 50% 이하로 낮추기는 어렵다는 특징이 있습니다. 고햐쿠만고쿠로 빚은 사케는 니가타 지역 특유의 담백하고 깔끔한 맛이 특징입니다.

고햐쿠만고쿠로 빚은 루카

추위에 강한 조생종으로 니가타를 중심으로 후쿠이, 토야마, 이사카와 등의 호쿠리쿠北陸에서 널리 재배되고 있습니다. 과거에는 가장 많이 재배된 주조호적미로 큰 명성을 얻었으며, 스모의 최고 계급에 빗대어 '서쪽의 요코즈나' 야마다니시키, '동쪽의 요코즈나' 고햐쿠만고쿠로 불립니다.

## 오마치

에도 시대부터 이어져 온 오마치雄町는 주조호적미의 기원이 되는 품종으로, 야마다니시키와 고햐쿠만고쿠의 원종으로 알려져 있습니다. 만생종의 특성상 줄기가 쓰러지기 쉽고 병충해에 취약해 재배가 까다로워 한때는 생산량이 크게 감소했습니다.

오마치로 빚은 하나비시

그러나 오카야마현을 중심으로 다시 부활한 오마치는 사케 붐과 함께 재조명을 받으며 다시 주목받기 시작했습니다. 오마치로 빚은 사케는 깊이 있고 풍부한 맛이 특징입니다. 이러한 특유의 매력으로 인해 열성 팬층이 형성되었고, 이들은 '오마치스트オマチスト'라고 불립니다.

## 미야마니시키

미야마니시키美山錦는 1978년 나가노현에서 개발된 비교적 새로운 주조호적미 품종입니다. 추위에 강한 특성을 지녀 주로 간토関東 북부와 호쿠리쿠 등 한랭 지역에서 재배됩니다.

이 품종의 이름은 쌀알 중앙에 하얗게 형성된 심백이 나가노현 알프스 산맥 정상의 눈을 연상시킨다 하여 지어졌습니다. 미야마니시키로 빚은 사케는 깔끔하면서도 감칠맛이 어우러진 독특한 풍미가 특징입니다.

미야마니시키로 빚은 스이로

## 아이야마

아이야마愛山는 효고현의 특정 지역에서만 재배되는 희소성 높은 품종입니다. 500년이 넘는 역사를 가진 켄비시 주조剣菱酒造가 전통적으로 재배해 온 이 품종은 최근 들어 그 가치를 인정받으며 더욱 주목받고 있습니다.

아이야마로 빚은 라이후쿠

야마다니시키와 마찬가지로 쌀알이 크고 심백이 뚜렷한 것이 특징이지만, 정교한 도정 작업이 이루어지지 않으면 잡미가 발생하기 쉬워 높은 수준의 양조 기술이 요구됩니다. 이러한 까다로운 특성으로 인해 아이야마로 빚은 사케는 다른 품종과 구별되는 깊이 있고 독특한 풍미를 선보입니다.

## 긴푸

긴푸吟風는 홋카이도의 한랭한 기후에 적응하도록 개발된 주조용 쌀로, 홋카이도를 대표하는 두 번째 품종입니다. 이는 홋카이도의 첫 주조용 쌀인 하츠시즈쿠初雫의 심백 발현율을 개선한 품종으로, 그 출현과 함께 홋카이도 사케에 대한 관심과

긴푸로 빚은 카미카와타이세츠

카메노오로 빚은 카모니시키

제조 붐을 불러일으켰습니다.

긴푸로 빚은 사케는 담백하고 깔끔한 맛이 특징이며, 홋카이도의 청정한 자연을 연상시키는 상쾌한 풍미를 보여 줍니다.

### 카메노오

야마가타현의 코이가와 주조에서 개발된 카메노오亀の尾는 유명 식용 쌀인 코시히카리, 하에누키, 사사니시키의 원조 품종입니다. 큰 쌀알이 특징으로, 긴죠나 다이긴죠와 같은 고급 사케를 만들 때 적합하며, 50% 이상의 높은 정미 비율에도 고유의 맛이 잘 보존됩니다.

야마다니시키가 서일본의 온화한 기후에 적합한 것과 달리, 카메노오는 비교적 서늘한 동일본 지역에서 주로 재배되고 있습니다. '거북이 꼬리'라는 품종명처럼 단단하면서도 균형 잡힌 풍미를 자랑합니다.

핫탄니시키로 빚은 지콘

### 핫탄니시키

히로시마에서 개발된 핫탄니시키八反錦는 지역 재래종인 핫탄소를 개량한 핫탄

35호와 식용 품종 아키츠호의 교배로 탄생한 주조호적미 품종 중 하나입니다. 핫탄소의 우수한 특성을 계승한 이 품종은 한때 재배가 까다로워 사라질 위기에 처했던 핫탄소의 맥을 이어받아 최근 새롭게 주목받고 있습니다.

히로시마의 대표 사케 브랜드인 마보로시, 우고노츠키, 카모츠루 등도 이 쌀을 사용해 사케를 빚고 있으며, 핫탄니시키로 만든 사케는 깔끔하고 상쾌한 풍미가 특징입니다.

## 사케미라이

사케미라이酒未来는 현재 전국 사케의 대표 주자라 할 수 있는 명품 사케 '쥬욘다이'를 양조하는 야마가타현의 타카기주조에서 1999년에 개발한 주조호적미입니다. 야마가타현의 기후와 풍토에 맞춰 개발된 이 품종으로 빚은 사케는 화려하고 풍부한 맛과 함께 절제된 깔끔한 향이 특징입니다.

사과와 서양배를 연상시키는 뚜렷한 과일 향이 특징이며, 최고급 사케 쥬욘다이의 원료답게 사케미라이라는 이름처럼 '사케의 미래'를 보여 주는 혁신적인 품종으로 평가받고 있습니다.

사케미라이로 빚은 에이코후지

## 데와산산

데와산산出羽燦々은 야마가타현이 처음으로 개발한 주조호적미입니다. 야마가타의 옛 지명인 '데와'와 찬란함을 뜻하는 '산산'을 결합하여 만든 이름으로 지역의 자긍심이 담겨 있습니다.

미야마니시키보다 더욱 추위에 강하도록 개량되어 야마가타의 혹한에서도 잘 자라는 특징이 있으며, 데와산산으로 빚은 사케는 맑고 산뜻한 맛이 특징입니다. 현재 일본 주조호적미 생산량에서 8위를 기록하며 많은 양조장에서 즐겨 사용하는 품종으로 자리 잡았습니다.

사케를 고를 때는 정미 비율, 제조사, 특정 명칭주와 같은 요소뿐만 아니라 원재료인 주조호적미의 품종도 중요한 선택 기준입니다. 같은 양조장의 사케라도 사용된 쌀의 품종에 따라 맛과 향이 달라지므로 자신의 취향에 맞는 주조호적미를 찾아가는 과정은 사케를 더 깊이 이해하고 즐기는 특별한 경험이 될 수 있습니다.

데와산산으로 빚은 아키타의 명주 하나무라

# 사케의 맛과 멋을 살리는
# 사케 잔
## : 사케 전용 술잔과 도쿠리 알아보기

일본 술집이나 이자카야에 가면 다양한 술병과 잔, 도쿠리 같은 전통 술 용기들이 시선을 사로잡습니다. 와인처럼 사케에도 여러 종류의 술 용기가 있어서 마시는 방법에 따라 맛과 향의 차이가 느껴집니다. 와인을 제대로 즐기려면 와인 잔과 디캔터가 필요한 것처럼 사케를 마실 때도 전용 술 용기는 맛에 직접적인 영향을 주는 중요한 요소입니다.

### 사케의 맛을 살려 주는 전용 술 용기의 종류

이제 사케의 참맛을 이끌어내는 전용 술 용기들을 소개하겠습니다.

일본 전국의 다양한 오쵸코

## 오쵸코

사케 잔 중에서 가장 친숙한 '오쵸코お猪口'를 먼저 소개하겠습니다. 오쵸코는 한자 그대로 '돼지 입'을 뜻하지만, 실제로는 작은 술잔을 가리킵니다. 한 입에 마실 수 있는 양을 담을 수 있도록 디자인되어 있습니다. 이는 한 모금씩 술의 맛을 음미하는 일본의 전통 음주 문화를 반영한 것입니다.

오쵸코 잔 바닥에는 보통 파란색 원이 두 개 그려져 있는데, 이 원을 '쟈노메蛇の目'라고 합니다. 이는 사케를 상징하는 무늬로, 사케의 색과 투명도를 감별하는 용도로도 활용됩니다.

이시카와현의 사케인 노구치 나오히코 켄큐죠의
상징적 마크도 쟈노메에서 응용

오쵸코의 크기는 대부분 180$ml$ 이하로, 다양한 크기가 있습니다. 사케의 기본 단위인 180$ml$의 '고合'를 기준으로 만들어지며, 이는 한국의 '홉'과 비슷합니다. 오쵸코는 이 '고'의 10분의 1인 18$ml$의 샤쿠勺를 기준 단위로 36$ml$에서 180$ml$까지 다양한 용량으로 제작됩니다.

| 용량 | | 직경 | 높이 | 비고 |
| --- | --- | --- | --- | --- |
| 2샤쿠 | 36㎖ | 45mm | 38mm | |
| 2.5샤쿠 | 45㎖ | 50mm | 42mm | |
| 3샤쿠 | 54㎖ | 53mm | 50mm | 1샤쿠 = 18㎖ |
| 5샤쿠 | 90㎖ | 60mm | 57mm | 10샤쿠 = 180㎖ = 1고 |
| 8샤쿠 | 144㎖ | 70mm | 60mm | |
| 1고 | 180㎖ | 80mm | 70mm | |

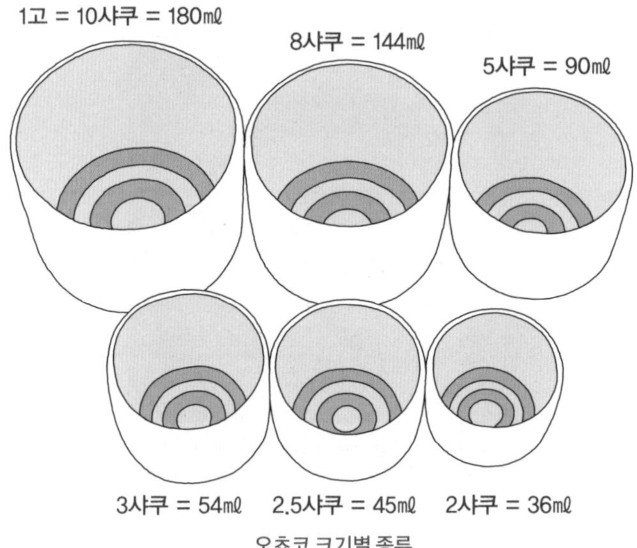


오쵸코 크기별 종류

## 구이노미

구이노미ぐい呑み는 오쵸코보다 크고 깊은 술잔으로, 크기가 다릅니다. 원래는 해삼 내장으로 만든 코노와타나 연어 머리 연골로 만드는 히즈나마스氷頭膾 같은 진귀한 안주를 담는 그릇이었으나, 점차 술잔으로 사용되기 시작했습니다.

구이노미는 일본어로 '벌컥 들이키다'라는 뜻을 가지고 있습니다. 오쵸코가 한 입에 마시기 알맞은 크기라면, 구이노미는 두세 모금에 나누어 마실 수 있는 넉넉한 크기여서 사케의 맛을 충분히 음미하기에 좋습니다.


## 도쿠리

일본 술 용기 중 가장 대표적인 도쿠리는 목이 좁고 호리병 모양을 하고 있어, 주로 술을 따르거나 디캔터 역할을 합니다. 이자카야에서 사케를 주문하면 보통 도쿠리에 담아 내거나 큰 잇쇼빙一升瓶, 1,800㎖ 병에서 도쿠리에 옮겨 제공합니다. 도쿠리는 한 잔보다는 크고, 병보다는 작은 크기로, 손님들이 주로 주문하는 양인 이치고1合, 180㎖나 니고2合, 360㎖에 딱 맞아 널리 사용됩니다. 이치고로 주문할 때 병째로 들고 잔에 넘치도록 따르는 퍼포먼스를 보여 주기도 하지만, 일반적으로는 도쿠리를 통해 마십니다.

도쿠리라는 이름의 유래에는 두 가지 설이 있습니다. 하나는 술을 따를 때 나는 "도쿠리 도쿠리" 소리에서 비롯되었다는 설이고, 다른 하나는 한국의 '독'이라는 항아리에서 유래했다는 설입니다.

## 카타쿠치

카타쿠치[片口]는 도쿠리와 비슷한 용도지만, 모양과 사용법이 조금 다릅니다. 도쿠리가 목이 좁은 호리병 모양이라면, 카타쿠치는 목 부분이 없고 한쪽에 술을 따르는 주둥이가 있어 '한쪽 입'이라는 이름이 붙었습니다. 보통 니고[2合], 약 360$ml$ 정도의 사케를 담을 수 있어 도쿠리와 비슷한 양을 담는 실용적인 술 용기입니다.

(좌)도쿠리와 오쵸코, (우)카타쿠치와 구이노미

 | CHAPTER 01
이것만 알아도 사케 전문가

## 치로리

치로리銚釐는 본래 따뜻한 사케를 준비할 때 쓰는 용기로, 금속으로 제작되어 열전도가 좋아서 따뜻하게 데우기 좋습니다. 최근에는 사케를 차갑게 즐기고자 얼음이 든 큰 그릇에 치로리를 넣어 천천히 식히는 용도로도 사용되며, 사케의 온도를 조절해가며 다양한 풍미를 즐길 수 있어 인기를 얻고 있습니다.

## 이치고마스

이치고마스는 180 $ml$ 크기의 나무 소재의 술 용기로, 주로 축하 자리에서 사용됩니다. 본래 마스枡는 1,800 $ml$ 크기의 용기였으나, 크기가 너무 커서 현재는 그 10분의 1 크기인 이치고마스가 널리 사용되고 있습니다. 이치고마스는 일본의 '홉' 단위에 해당하고 마스는 '되' 단위에 해당하며, 사케를 상징하는 디자인으로도 자주 활용됩니다. 정식 명칭은 이치고마스이지만 단어가 너무 길어서 간단히 '마스'라고도 부르기도 하는데, 이에 따라 다소 혼동이 생기기도 합니다. 나무 그대로 만든 제품과 옻칠한 제품 두 종류가 있는데, 전통 방식을 지킨 나무 재료가 일반적이지만 최근에는 플라스틱으로도 만들어집니다.

(위)치로리, (아래)이치고마스

이치고마스와 관련된 재미있는 이야기를 들려드리겠습니다. 이 용기를 이해하기 위해서는 사케 용기의 크기 단위를 알아두면 좋은데, 예를 들어 1,800$ml$ 잇쇼빙一升瓶은 쥬고10合에 해당합니다.

사케 용기는 기본적으로 용량이 10배씩 늘어날 때마다 단위가 바뀌며 다음과 같습니다.

- 18$ml$는 샤쿠勺

- 180$ml$는 고合

- 1.8$l$는 쇼升

- 18$l$는 토斗

- 180$l$는 고쿠石

이 중 '쇼升'는 훈독으로 '마스'라고 읽는데, '계속 번창하다'를 뜻하는 일본어 표현 마스마스 한죠益益繁盛를 마스마스 한죠升升半升로 고쳐서 표현하는 재미있는 풍습이 있습니다. 이는 1.8$l$ + 1.8$l$ + 0.9$l$가 되어 도합 4.5$l$가 됩니다. 예로부터 창업 축하 아이템으로 사케를 담아 선물할 때, 이 4.5$l$ 용기에 가게 이름과 '마스마스 한죠'라는 문구를 새겨 번영을 기원하는 전통이 있습니다.

현재도 이치고마스를 사용해 사케를 넘치도록 따르며 풍요와 환대를 상징하는 술 문화가 이어지고 있습니다.

일익번창(마스마스 한죠)을 기원하는 4.5ℓ의 창업 축하 사케

지금까지 소개한 것 외에도 술잔에 얽힌 다양한 이야기들이 많이 있습니다. 예를 들어, 고치현의 '베구하이ベぐ杯'는 술을 받으면 한 번에 마시도록 디자인되어 술자리를 더욱 즐겁게 만듭니다. 또한 도쿠리와 오쵸코 중에는 꾀꼬리 울음소리가 나는 특별한 술 용기도 있어 이 또한 술자리를 즐겁게 만듭니다.

이 밖에도 도쿠리 중앙에 얼음을 채워 술을 차갑게 유지하며 즐길 수 있는 용기 등 사케를 더 맛있게 마실 수 있는 다양한 술 용기들이 있습니다.

닷사이의 비교 시음 세트, 니고리자케 45, 39, 23

## 맛을 좌우하는 사케 잔의 재질

사케 잔은 유리, 도자기, 주석, 철, 나무 등 다양한 재질로 만들어집니다. 이 중 도자기 잔은 두껍고 열전도율이 낮아 따뜻한 사케(아츠칸)를 즐기기에 알맞습니다. 반면 열전도율이 높은 주석 잔은 차가운 사케(레이슈)를 얼음과 함께 마실 때 제격입니다. 유리잔은 사케의 색과 향을 감상하기에 좋은데, 특히 오리가라미(사케가 완성된 후 앙금이 조금 남은 상태로 출시된 사케)나 긴죠와 같은 고급 사케의 섬세한 빛깔과 향을 음미하기에 적합합니다.

최근에는 와인 잔에 사케를 담아 마시는 문화가 주목받고 있습니다. 생주(나마자케), 여과하지 않은 사케(무로카), 물을 타지 않은 사케(겐슈), 그리고 긴죠 등급 이상의 고도로 정제된 사케들은 와인 잔에서 그 향과 풍미가 더욱 살아납니다. 이러한 흐름에 맞춰 무여과생원주(무로 카나마겐슈)를 주력 상품으로 내세우는 양조장들이 인기를 얻고 있습니다.

숙성 사케의 깊이 있는 향을 즐기려면 넓은 표면적을 가진 잔이 좋으며, 다이긴죠나 긴죠 계열의 사케는 와인잔처럼 좁은 입구의 잔에 마시면 향을 더 잘 음미할 수 있습니다.


## 사케 잔 선택이 중요한 이유

일본의 한 지방 도시 이자카야에서 사케를 마실 때였습니다. 가게 주인이 "사케는 잔에 따라 맛이 달라진다"며 특정 잔으로 마시기를 권했습니다. 당시에는 잔에 따른 맛의 차이를 느끼긴 했지만 단순히 기분 탓일 거라고 생각했습니다.

하지만 나중에 알고 보니, 잔의 재료와 모양이 사케의 맛에 영향을 미친다는 사실에 과학적 근거가 충분하다는 것을 깨닫게 되었습니다. 잔의 열전도율과 재질이 달라지면 향이 퍼지는 방식도 달라지고, 입술이 닿는 부분의 두께와 크기에 따라 동일한 사케도 전혀 다른 느낌을 줍니다. 사케를 더 깊이 즐기고 싶다면 잔에 관한 지식을 쌓으며 선택하는 즐거움을 더해 보는 것도 좋겠습니다.

# 차게 마시는 사케와
# 뜨겁게 마시는 사케
## : 온도별 추천 사케

어린 시절, 아버지께서 친척 집 제사에 가실 때마다 종이 상자에 담긴 정종을 챙기시던 모습이 선명히 기억납니다. 제사가 끝난 후 따뜻하게 데운 정종을 음복하시던 광경을 자주 보았기에 자연스럽게 정종은 데워 마시는 술이라 생각하게 되었습니다. 1945년에 출시되어 지금까지 사랑받고 있는 '백화수복'이 이러한 전통 정종의 대표주입니다.

대학 시절, 한 주류 회사가 정종을 더욱 대중적인 술로 만들고자 '청하'를 출시하고 활발한 마케팅을 펼쳤던 기억이 납니다. '차고 깨끗한 청하'라는 인상적인 슬로건을 내세워 데워 마시는 전통 정종의 유통 한계를 극복하고자 시원하게 마실 수 있는 새로운 술을 개발한 것입니다. 이러한 혁신적인 시도 덕분에 '청하 주막'과 '청하 전문점'이 전국적으로 선풍적인 인기를 누렸던 때가 있었습니다.

1945년 출시된 백화수복

이러한 전통은 일본의 사케 문화와 밀접한 관련이 있습니다. 특히 따뜻하게 데워 마시는 '아츠칸' 문화가 한국의 정종 문화에 영향을 준 것으로 보입니다. 비록 당시 사람들이 구체적으로 어떤 방식으로 술을 데워 마셨는지는 정확히 알 수 없지만, 일본에서 생활하다 보면 어린 시절 보았던 정종 문화의 모습이 자연스럽게 떠오르곤 합니다.

아츠칸을 만드는 전용 용기. 외부 용기에 뜨거운 물을 넣고
내부 용기에 사케를 넣어서 원하는 온도로 데워 마신다.

따뜻할 때 먹어야 제맛을 느낄 수 있는 음식이 있고, 온도에 예민하여 손의 열이 닿지 않도록 긴 목의 잔에 따라 마시는 와인이 있듯, 사케 또한 양조 방식과 정미 비율에 따라 이상적인 온도가 다르기에 최적의 온도에서 마실 때 더욱 깊고 풍부한 맛을 느낄 수 있습니다. 최근 열처리를 하지 않은 나마자케의 인기가 높아지면서 사케 전용 셀러의 보급이 확대되었는데, 이는 화이트와인의 경우 10~14℃, 레드와인의 경우 15~20℃ 정도로 설정된 와인 셀러보다 더 낮은 온도를 유지할 수 있도록 설계된 것이 특징입니다.

그러나 술을 즐기는 방식은 개인의 취향에 따라 다양하므로 자신에게 맞는 온도를 찾아가는 과정은 사케의 매력을 발견하는 새로운 즐거움이 될 것입니다.


## 온도별로 즐기는 특별한 사케

사케는 온도에 따라 독특한 맛과 향의 변화를 선사합니다. 특히 각 온도대별로 고유한 호칭이 있다는 점이 매우 흥미롭습니다. 비록 이자카야나 대중 주점에서 이러한 전문 용어를 모두 사용하지는 않지만, 이를 이해하고 마신다면 사케를 더욱 깊이 있게 즐길 수 있습니다.

자주 쓰이는 온도 표현은 다음과 같습니다.

- **유키雪:** 눈처럼 차가운 온도

- **하나花:** 꽃샘추위와 같은 온도

- **스즈涼:** 냉장고에서 막 꺼낸 듯한 시원한 온도

- **히야冷や:** 상온 또는 실온의 온도

- **히나타日向:** 따뜻한 햇볕 같은 부드러운 온도

- **히토하다人肌:** 체온과 비슷한 따뜻한 온도

- **누루ぬる:** 살짝 온기가 도는 미지근한 온도

- **죠上:** 뜨겁다는 인상이 느껴지는 온도

- **아츠熱:** 뜨거운 온도

- **토비키리飛び切り:** 매우 뜨거운 온도

이와 같은 단어들을 조합하여 온도에 따른 사케의 다양한 맛과 향을 더욱 풍부하게 이해할 수 있습니다. 그리고 온도별 사케 이름을 살펴보기 전에 알아두면 유용한 기본 어휘가 또 있습니다. 먼저, 히에冷え는 차가운 상태를, 히야冷や는 상온을, 칸燗은 데워서 마시는 상태를 뜻합니다. 일본어의 특징상 'ㅎ' 발음이 다른 단어와 만났을 때 'ㅂ' 발음으로 변하는 점을 이해하면 사케 관련 용어를 더욱 자연스럽게 익힐 수 있습니다. 온도별 사케 이름은 다음과 같습니다.

| 온도 | 사케 이름 |
| --- | --- |
| 5℃ | 유키비에 |
| 10℃ | 하나비에 |
| 15℃ | 스즈비에 |
| 20℃ | 히야 |
| 30℃ | 히나타칸 |
| 35℃ | 히토하다칸 |
| 40℃ | 누루칸 |
| 45℃ | 죠칸 |
| 50℃ | 아츠칸 |
| 55℃ | 토비키리칸 |

사케는 차게 마시는 레이슈冷酒, 상온의 히야冷や, 데워 마시는 칸燗 또는 칸자케燗酒로 구분됩니다. 특히 아츠칸熱燗은 약 50℃로 데운 사케로, 칸의 한 종류입니다. 이처럼 온도에 따라 다채로운 매력을 지닌 사케는 레이슈부터 아츠칸까지 폭넓게 즐길 수 있습니다.

(좌)차게 마시는 레이슈와 (우)데워 마시는 아츠칸

### 차게 마시는 사케, 레이슈의 온도별 특징

차게 마시는 사케인 레이슈冷酒는 온도에 따라 세 가지로 구분됩니다.

- **유키비에**雪冷え: 5℃ 정도의 눈처럼 차가운 온도로, 사케의 향을 억제하고 깔끔하고 샤프한 맛을 즐길 수 있습니다.
- **하나비에**花冷え: 10℃ 정도의 온도로, 벚꽃이 피는 봄철의 쌀쌀한 온도를 의미합니다. 기상 용어로 '하나비에' 또는 '사쿠라비에桜冷え'는 10℃ 전후의 꽃샘 추위를 나타내기도 합니다.
- **스즈비에**涼冷え: 15℃ 정도의 온도로, 냉장고에서 꺼내 상온에 10분 정도 둔 온도입니다. 적당히 차가우면서도 은은한 향이 피어오르는 것이 특징입니다.

### 상온의 사케, 히야

히야는 차가울 '랭冷'이라는 글자가 들어가지만, 20℃ 전후의 상온을 의미합니다. 냉장고가 없던 시절에 데우지 않고 마시는 사케를 이렇게 불렀습니다.

### 따뜻한 사케, 칸의 온도별 특징

사케를 따뜻하게 데워 마시는 '칸爛'은 온도에 따라 부드러운 온기부터 강렬한 열기까지 다양한 매력을 보여 줍니다. 온도대별 특징은 다음과 같습니다.

- **히나타칸(30℃):** 햇살이 비치는 듯한 부드러운 온도로, 순한 첫 맛과 함께 은은한 사케 향이 감돕니다.

- **히토하다칸(35℃):** 사람의 체온과 비슷한 '사람 피부' 온도로, 차분한 온기와 함께 향이 점차 퍼져 나갑니다.

- **누루칸(40℃):** 미지근함에서 약간의 뜨거움이 느껴지기 시작하는 온도로, 체온과 비슷해 알코올 흡수가 빠르다고 알려져 있습니다.

- **죠칸(45℃):** 감칠맛과 향이 조화롭게 어우러지는 온도로, 아츠칸과 더불어 가장 대중적인 온도입니다.

- **아츠칸(50℃):** 추운 날씨에 안성맞춤인 뜨거운 사케로, 강렬한 열기와 깊은 풍미를 자랑합니다.

- **토비키리칸(55℃):** 맨손으로 잡기 어려울 정도로 뜨거운 온도로, '펄쩍 뛰어오른다'는 뜻의 토비키리는 '특별한 뜨거움'과 '특출함'을 의미합니다.

칸자케(燗酒)로 특화되어 나온 드라이한 사케

아츠칸 / 출처: 사카나바루

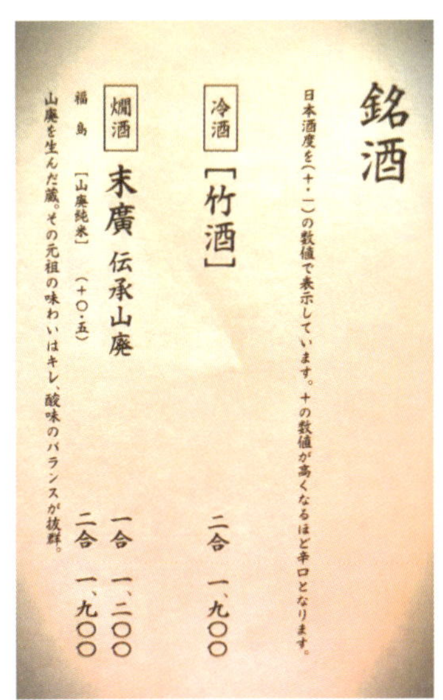

(좌)아츠칸과 레이슈를 구분한 메뉴와
(우)아츠칸용으로 나온 스에히로, 레이슈용으로 나온 타테노카와

사케는 크게 일반 후츠슈普通酒와 여덟 가지 특정 명칭주로 분류되며, 이는 슈퍼마켓이나 편의점에서 흔히 볼 수 있는 종이팩 제품부터 고급 주류까지를 아우릅니다. 여기에 키모토, 야마하이, 나마자케 등 양조 방식에 따른 구분이 더해져 더욱 다채로운 종류를 자랑합니다. 각각의 스타일마다 권장되는 최적의 음용 온도가 있습니다.

대부분의 사케 병에는 이러한 정보가 라벨에 표시되어 있어 쉽게 확인할 수 있습니다. 하지만 사케를 즐기는 방식과 맛의 감각은 개인차가 크므로 이러한 기준은 참고 사항일 뿐 절대적인 규칙이 아님을 기억해 주시기 바랍니다. 아래 표에서 ◎는 강력 추천, ○는 추천, △는 비추천, X는 강력 비추천을 의미합니다.

| 종류 | 5℃ | 10℃ | 15℃ | 20~25℃ | 30℃ | 40℃ | 50℃ |
|---|---|---|---|---|---|---|---|
| 쥰마이다이긴죠 | ◎ | ◎ | ◎ | ○ | △ | × | × |
| 쥰마이긴죠 | ○ | ◎ | ◎ | ○ | △ | × | × |
| 쥰마이 | ○ | ◎ | ◎ | ◎ | ◎ | ○ | ○ |
| 다이긴죠 | ◎ | ◎ | ◎ | ○ | △ | △ | × |
| 혼죠조 | ○ | ○ | ◎ | ◎ | ◎ | ◎ | ◎ |
| 나마자케 | ◎ | ◎ | ◎ | ○ | × | × | × |
| 후츠슈 | △ | ○ | ◎ | ◎ | ◎ | ◎ | ◎ |
| 키모토 | ○ | ◎ | ◎ | ○ | △ | × | × |
| 야마하이 | × | ○ | ○ | ◎ | ◎ | ◎ | ○ |

사케 종류별 적정 음용 온도



CHAPTER 01
이것만 알아도 사케 전문가

사케의 온도별 권장 기준을 살펴보면 대부분의 사케는 15℃ 정도의 스즈비에 온도에서 가장 좋은 맛을 냅니다. 특히 쥰마이다이긴죠나 쥰마이긴죠와 같은 고급 사케는 데워 마시는 것보다 차갑게 또는 상온으로 즐기는 것이 향과 맛을 더 잘 살릴 수 있습니다. 반면 혼죠조나 후츠슈 계열은 오히려 데워 마실 때 더 좋은 맛을 내는 특징이 있습니다.

따라서 고급 사케는 차갑게 또는 상온으로, 일반 사케는 데워서 마시는 것이 각각의 특징을 가장 잘 살리는 방법이라 할 수 있습니다.

나마자케는 열 처리를 하지 않아 효모가 살아 있는 상태입니다. 그래서 맛과 향을 온전히 즐기려면 반드시 냉장 보관 후 차갑게 마시는 것

열처리를 하지 않은 나마자케는 반드시 냉장 보관 해야 한다.

이 가장 좋습니다. 특히 최근 한국에서 인기를 얻고 있는 사케들이 대부분 쥰마이다이긴죠나 쥰마이긴죠 계열의 나마자케인데, 이러한 고급 나마자케는 차게 마실 때 본연의 섬세한 맛과 향을 가장 잘 느낄 수 있습니다.

따뜻하게 데운 아츠칸 역시 사케의 깊은 맛을 느끼기에 좋은 사케입니다. 양조 알코올을 넣지 않고 순수 쌀로만 빚은 쥰마이슈나 전통 방식으로 만든 키모토, 야마하이 계열의 사케는 따뜻하게 마실 때 독특한 감칠맛과 풍부한 향이 더욱 돋보입니다. 이는 차갑게 마시거나 상온으로 즐길 때와는 전혀 다른 매력으로, 아츠칸만의 깊이 있는 풍미와 개성을 경험할 수 있습니다.

아츠칸 전용으로 칸자케 콘테스트 금상을 수상한 나루토타이

일반 후츠슈는 특히 추운 겨울철에 몸을 녹이기 위해 데워 마시는 경우가 많습니다. 실제로 시중에는 칸 전용으로 특별히 제조된 다양한 종류의 사케가 있는데, 이러한 사케들은 차갑게 마시면 오히려 맛이 감소할 수 있어 따뜻하게 데워 마시는 것이 좋습니다.

### 집에서 아츠칸 만드는 방법

차가운 레이슈는 냉장 보관으로 쉽게 준비할 수 있지만, 따뜻한 아츠칸은 적정 온도 맞추기가 까다로울 수 있습니다. 냄비나 전자레인지를 이용해 간단하게 아츠칸 만드는 방법을 알려드리겠습니다.

### 냄비에 물을 끓여서 아츠칸 만들기

물을 끓여서 원하는 칸 온도가 되면 2~3분 안에 빨리 이 작업을 끝내는 것이 핵심입니다.

1. 도쿠리를 준비하고 사케를 90%까지 채웁니다.

2. 도쿠리 입구를 비닐랩으로 씌워 향이 날아가지 않도록 합니다.

3. 냄비에 도쿠리를 넣고 잘 세운 다음 도쿠리 절반 정도가 잠기도록 물을 붓습니다.

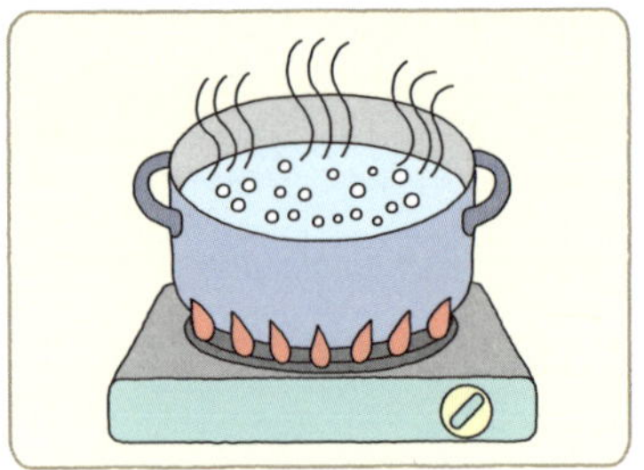

4. 물의 양을 맞추기 위해 넣었던 도쿠리는 다시 빼내고 물을 끓입니다.

5. 물이 끓으면 일단 불을 끄고 도쿠리를 넣습니다.

6. 도쿠리의 술이 입구까지 올라오면 도쿠리를 냄비에서 빼냅니다.

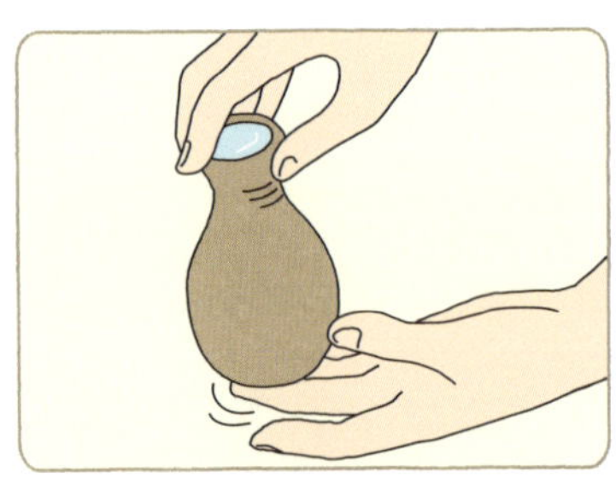

7. 도쿠리의 바닥을 만져봤을 때 살짝 뜨거운 정도가 알맞은 온도입니다.



CHAPTER 01
**이것만 알아도 사케 전문가**

### 전자레인지로 아츠칸 만들기

전자레인지는 급격한 온도 상승으로 인해 권장하지는 않으나, 시간이 없을 때 간편하게 아츠칸을 만들 수 있는 방법입니다. 주의할 점은 전자레인지 사용이 가능한 도쿠리를 사용해야 한다는 것입니다.

1. 180㎖ 용량의 전자레인지 사용이 가능한 이치고 도쿠리의 입구를 비닐랩으로 감싼 후, 약 40초간 가열합니다.

2. 전자레인지로는 35℃ 정도의 히토하다칸 온도로 데우는 것이 적당합니다. 그 이상 가열하면 화상 위험이 있고 사케 본연의 섬세한 맛이 손상될 수 있습니다. 전자레인지는 열이 고르지 않으므로 꺼낸 후 가볍게 흔들어 온도를 균일하게 맞춰 줍니다.

사케는 온도에 따라 다양한 매력을 지니지만, 적절하지 않은 온도에서는 그 진가를 제대로 느끼기 어렵습니다. 차게 마셔야 할 사케를 뜨겁게 마시거나 고급 쥰마이다이긴죠를 칸으로 즐겼을 때 기대했던 맛을 느끼지 못했을 수 있습니다. 만약 사케가 입맛에 맞지 않았다면 그 사케에 가장 잘 어울리는 온도를 찾아 다시 시도해 보세요. 같은 사케라도 온도에 따라 전혀 다른 맛의 즐거움을 경험할 수 있습니다.

# 사케의 단맛과 드라이함을
# 측정하는 지표
## : 니혼슈도 알아 보기

사케의 단맛과 드라이함을 객관적으로 판단할 수 있는 대표적인 기준이 '니혼슈도日本酒度'입니다. 이는 사케 라벨이나 메뉴판에서 흔히 볼 수 있는 정보로, 사케의 맛을 대략 예측할 수 있게 해 주는 중요한 지표입니다.

니혼슈도는 사케가 얼마나 달거나 드라이한지를 나타내며, 모든 제품에 표시되는 것은 아니지만 사케 선택에 매우 유용한 기준이 됩니다. 이제 니혼슈도가 구체적으로 어떤 의미를 갖는지 자세히 살펴보겠습니다.

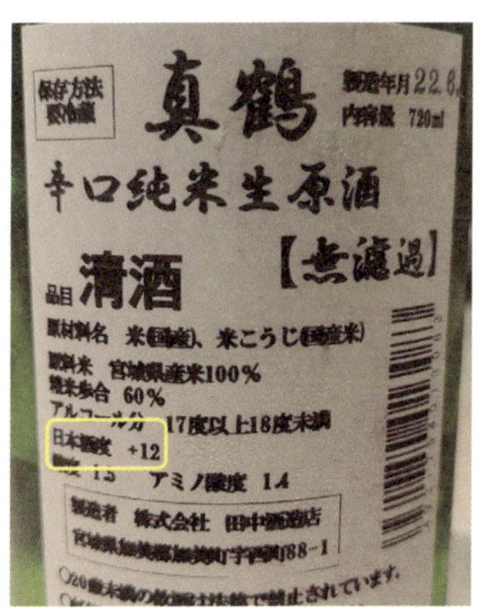

니혼슈도 +12의 상당히 드라이한 사케

## 드라이한 맛과 단맛 구분하기

니혼슈도는 사케의 단맛과 드라이함을 나타내는 핵심 지표로, 아래 표와 같이 +30부터 -70까지의 범위로 되어 있습니다. 여기서의 범위는 일반적인 사케의 니혼슈도 범위인 +20부터 -10 사이의 수치로 표시됩니다. 사케의 당분 비중에 따라 니혼슈도가 결정되는데, 당분이 많을수록 비중이 높아져 마이너스(-) 수치로, 당분이 적을수록 비중이 낮아져 플러스(+) 수치로 표시됩니다. 따라서 니혼슈도가 플러스 값일수록 카라구치에 가깝고, 마이너스 값일수록 아마구치에 해당합니다.

기준점은 0이지만 실제로는 +3 정도를 보통의 맛으로 여깁니다.

니혼슈도를 읽는 방법은 다음과 같습니다.

- **아마구치甘口**: 마이너스(-) 값이 클수록 단맛이 강합니다.
- **카라구치辛口**: 플러스(+) 값이 클수록 드라이한 맛이 강합니다.

  여기서 카라辛는 매운맛이 아닌, 단맛의 반대인 드라이한 맛을 뜻합니다.

이와 같은 기준을 통해 사케의 단맛과 드라이함을 손쉽게 파악할 수 있습니다.

| +30~<br>+15 | +14~<br>+9 | +8~<br>+5 | +4~<br>+2 | +1~<br>-1 | -2~<br>-5 | -6~<br>-15 | -16~<br>-70 |
|---|---|---|---|---|---|---|---|
| 초카라구치 | 대카라구치 | 카라구치 | 약카라구치 | 나카구치 | 약아마구치 | 아마구치 | 극아마구치 |
| ← 드라이한 맛 ← 중간 맛 → 달콤한 맛 → | | | | | | | |

니혼슈도 표

니혼슈도의 측정은 물이 담긴 눈금 막대를 사케에 띄워서 이루어집니다. 사케의 당분 함량에 따라 다음과 같이 측정됩니다.

- **당분이 많은 경우:** 사케의 비중이 높아져 물이 든 막대가 위로 떠오르며, 이때 마이너스(-) 수치가 나타납니다.
- **당분이 적은 경우:** 사케보다 물의 비중이 더 높아 막대가 아래로 가라앉으며, 이때 플러스(+) 수치로 표시됩니다.

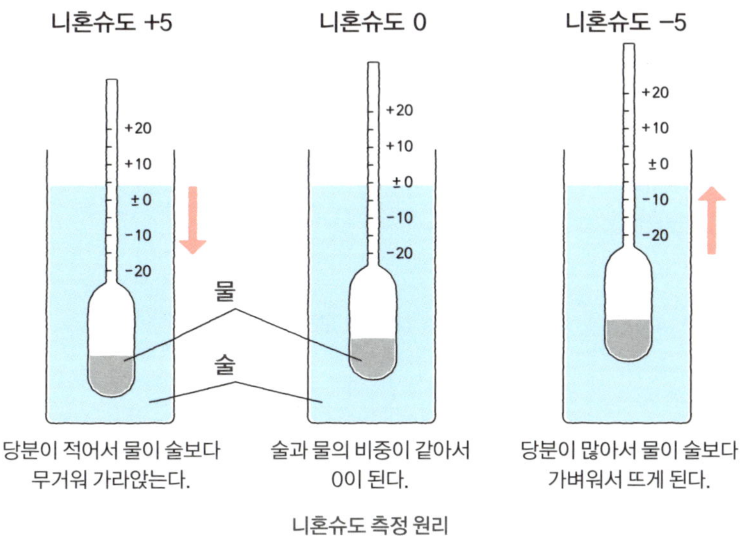


당분이 적어서 물이 술보다 무거워 가라앉는다.

술과 물의 비중이 같아서 0이 된다.

당분이 많아서 물이 술보다 가벼워서 뜨게 된다.

니혼슈도 측정 원리

다음은 지역별 사케 맛의 경향을 한눈에 보여 주는 일본 전국의 사케 맛 분포도입니다. 사케의 맛 분포도는 가로축과 세로축으로 나누어 맛의 특징을 보여 줍니다. 가로축은 왼쪽으로 갈수록 드라이한 카라구

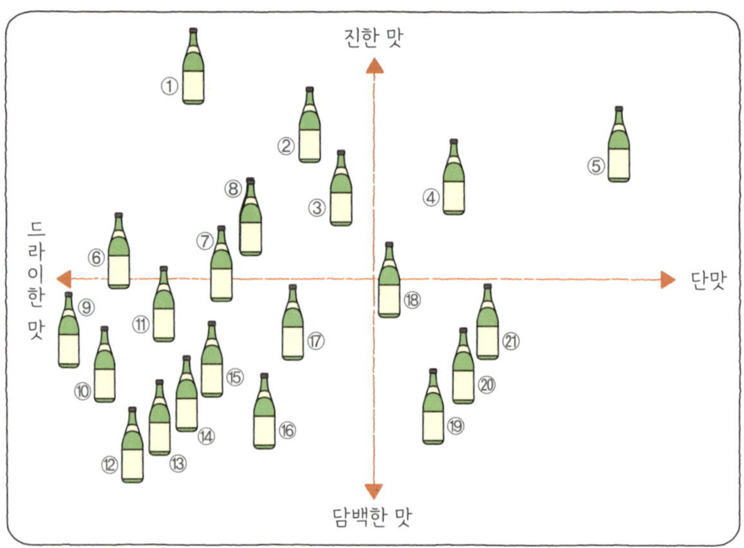


**일본 전국의 지역 사케 맛의 분포도**

①카모츠루 ②고젠슈 ③홋칸 ④후쿠마사무네 ⑤마이루도 시라카와 ⑥치치부니시키 ⑦아사비라키 ⑧긴레이갓산 ⑨사와노이 ⑩토사시라기쿠 ⑪켓센세키가하라 ⑫호마레키린 ⑬마보로시노타키 ⑭쵸자자카리 ⑮쿄노코바이 ⑯긴반 ⑰하쿠류 ⑱치토세츠루 ⑲시치켄 ⑳치요기쿠 ㉑란만

치, 오른쪽으로 갈수록 달콤한 아마구치를 나타냅니다. 세로축은 위로 올라갈수록 진하고 풍부한 농후한 맛을, 아래로 내려갈수록 부드럽고 깔끔한 담백한 맛을 표현합니다.

최근 사케 시장에서는 깔끔하고 드라이한 카라구치 스타일이 전반적으로 인기를 끌고 있습니다. 특히 애주가들 사이에서는 드라이한 맛이 선호되지만, 여성층에서는 쥰마이다이긴죠와 같이 과일 맛이 나는 달콤한 아마구치 스타일을 더 선호하는 경향이 있습니다.

야마모토 주조점의 도카라와 라이후쿠 주조의 마그마

카라구치의 인기가 높아지면서 한층 더 강한 드라이함을 선보이려는 경쟁이 이어지고 있습니다. 예를 들면 완벽한 카라구치를 의미하는 '도카라ど辛'는 니혼슈도 +15라는 수치를 술병 전면에 보여 주고 있고,

니혼슈도 −64의 에이코후지이, 니혼슈도 −61의 세키젠

이보다 더 강렬한 드라이함을 자랑하는 '마그마*魔愚魔*'는 니혼슈도 +20 를 내세우며 술병에서 강렬한 인상을 주고 있습니다.

한편, 매우 달콤한 맛을 지닌 사케도 있습니다. 니혼슈도 -61이나 -64와 같이 매우 깊은 단맛을 가진 이러한 사케들은 감미료나 당류를 첨가하지 않고도 독특한 맛을 구현해 냈습니다. 이는 꽃 효모나 적색 효모와 같은 특수 효모를 활용한 결과로, 이러한 효모 개발에는 대학 연구진과 전문가들의 오랜 연구와 노력이 깃들어 있습니다.

## 드라이한 맛 카라구치의 인기 비결

카라구치가 일본에서 인기를 얻게 된 배경에는 흥미로운 역사가 있습니다. 제2차 세계 대전 이후 일본은 쌀 부족 현상을 겪었습니다. 이러한 상황에서 쌀로 술을 만드는 것은 사치로 여겨졌습니다. 이에 양조장들은 제한된 자원으로 사케를 효율적으로 대량 생산하기 위해 '산조슈*三增酒*'라는 방식을 개발했습니다.

산조슈는 순수 쌀과 물로 빚은 사케에 양조 알코올을 두 배 더해 생산량을 세 배로 늘리는 방식이었습니다. 하지만 이 과정에서 사케의 풍미가 희석되고 밋밋해지자, 양조장들은 이를 보완하고자 당류와 산미료를 첨가할 수밖에 없었고, 그 결과 당시 사케는 오늘날의 깔끔한 긴죠 향의 아마구치*甘口*와는 달리, 무겁고 끈적한 단맛이 특징인 스타일로 자리 잡게 되었습니다.

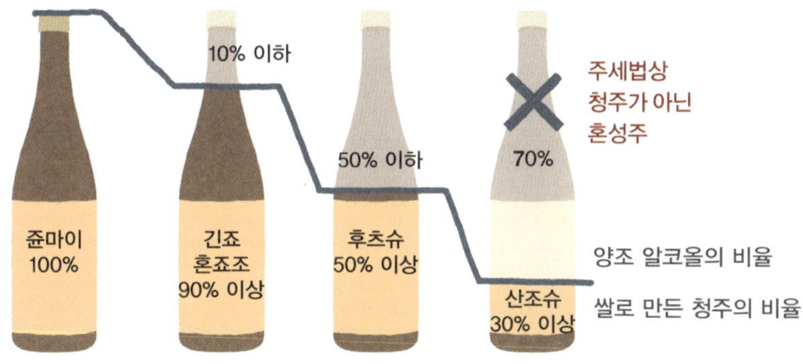


양조 알코올 비율에 따른 분류

대형 양조장들은 이러한 생산 방식으로 수익을 크게 올리며 위기를 모면했지만, 문제는 쌀 공급이 안정된 이후에도 같은 방식을 고수했습니다. 그 결과 무겁고 달콤한 사케는 점차 소비자들에게 외면받았고, 사케의 전반적인 인기도 크게 떨어지게 되었습니다.

이러한 상황에서 니가타 지역의 쿠보타, 핫카이산, 코시노 칸바이와 같은 양조장들이 새로운 바람을 일으켰습니다. 이들이 선보인 깔끔하고 드라이한 카라구치 스타일은 기존 사케의 부정적 이미지를 일신했고, 이를 계기로 '카라구치'는 현재까지도 고급 사케의 대명사로 자리 잡게 되었습니다.

양조 알코올은 사케 맛의 균형을 잡아 주고 부패를 막아 주는 긍정적인 역할을 합니다. 하지만 산조슈로 인한 부정적 이미지 때문에 애주가들은 점차 쥰마이슈를 선호하게 되었습니다. 양조 알코올을 전혀 첨가하지 않고 순수 쌀만으로 빚어내는 쥰마이슈는 현재 사케 시장의

담려한 맛의 카라구치로 대표되는 니가타 사케의 대표 주자
(왼쪽부터 쿠보타, 코시노칸바이, 핫카이산)

트렌드를 주도하는 대표 주종이 되었습니다.

이처럼 사케의 역사와 니혼슈도의 개념을 이해하면 이제는 직접 맛

보지 않고도 라벨이나 메뉴판에 표기된 니혼슈도만으로도 사케의 맛

을 어느 정도 가늠해 볼 수 있을 것입니다.

## 사케의 산도

니혼슈도와 함께 사케의 맛을 판단할 수 있는 또 다른 지표로 '산도酸度'가 있습니다. 산도는 사케의 산미 정도를 나타내는 수치로, 일반적으로 1.4를 기준으로 삼습니다.

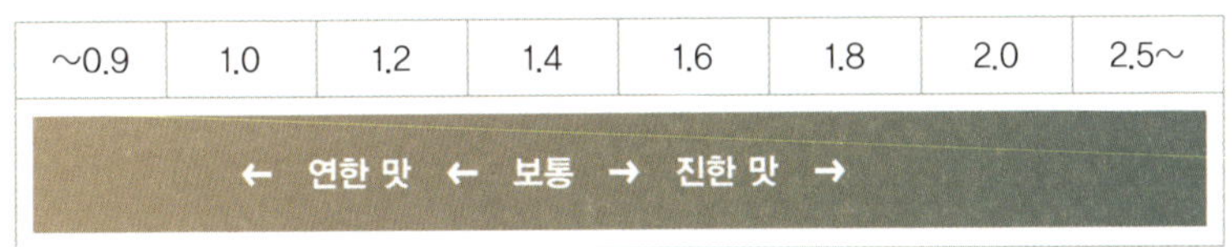



산도표

산도가 높은 사케는 맛이 진하고 농밀하게 느껴지지만, 낮은 산도의 사케는 산뜻하고 가벼운 맛이 특징입니다. 예를 들어 산도 1.7의 사케는 풍미가 깊고 묵직하지만, 1.4 이하의 사케는 신선하고 깔끔한 맛을 선사합니다.

다만 산도와 니혼슈도는 개인의 취향과 미각에 따라 다르게 느껴질 수 있으므로 이 수치들은 참고 사항으로만 활용하는 것이 좋습니다.

이제 산도와 니혼슈도의 조합을 통해 사케 맛을 가늠할 수 있는 도표를 살펴보겠습니다. 다음 페이지를 참조해 주세요.

도표를 보면 세로축으로 올라갈수록 산도가 높아지고, 가로축 오른쪽으로 갈수록 단맛이 강한 아마구치 사케가 자리 잡고 있습니다. 최

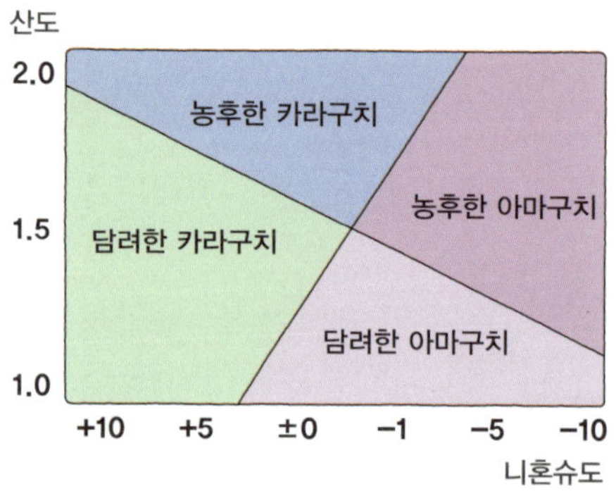



니혼슈도와 산도 정보로 맛을 가늠할 수 있는 도표

근 인기를 얻고 있는 산뜻하고 드라이한 카라구치 스타일의 사케들은 주로 도표의 녹색 영역에서 찾아볼 수 있습니다.

하지만 사케의 맛은 절대적인 기준으로 평가할 수 없으며, 개인의 취향에 따라 선호하는 맛이 다를 수 있습니다. 다양한 사케를 맛보며 자신만의 취향을 발견하고 선호하는 스타일을 찾아가는 과정이야말로 사케를 즐기는 진정한 묘미라고 할 수 있습니다.

# 사케가 맛있는
# 보관 기간과 방법
## : 제조일과 상미기한 이해하기

위스키는 몇 년을 숙성했는지 숙성 연수가 표기되어 있어 맛을 가늠하기에 유용하며, 증류주이기 때문에 오래 보관해도 마시는 데 큰 문제가 없습니다. 와인 또한 빈티지가 중요한 요소로, 생산 연도에 따라 맛과 가격이 크게 달라집니다.

그렇다면 사케는 어떨까요? 사케는 이들과는 다른 특성이 있는데, 보관 기간과 방법, 개봉 후 음용 가능 기간에 대해 많은 사람들이 궁금해합니다. 구체적으로 사케를 얼마나 오래 보관할 수 있는지, 개봉 후에는 언제까지 마실 수 있는지, 그리고 어떤 보관 방법이 가장 적합한지에 대해 살펴볼 필요가 있습니다.

2021년 양조한 자쿠

## 사케의 상미기한과 제조일의 이해

한국에서는 '유통기한'이라는 용어를 주로 사용하는 반면, 일본에서는 '맛을 느낄 수 있는 기한'이라는 뜻의 '상미기한賞味期限'이라는 표현을 사용합니다. 이는 소비자들이 더욱 직관적으로 이해할 수 있는 용어입니다.

하지만 사케의 경우에는 상미기한을 따로 정하지 않습니다. 이는 사케가 알코올의 살균 효과로 인해 부패가 잘 일어나지 않고 장기 보존이 가능하기 때문입니다. 따라서 사케 라벨에는 상미기한 대신 제조 연월이 표시되며, 이는 와인, 위스키, 소주와 같은 다른 주류에도 마찬가지로 적용됩니다.

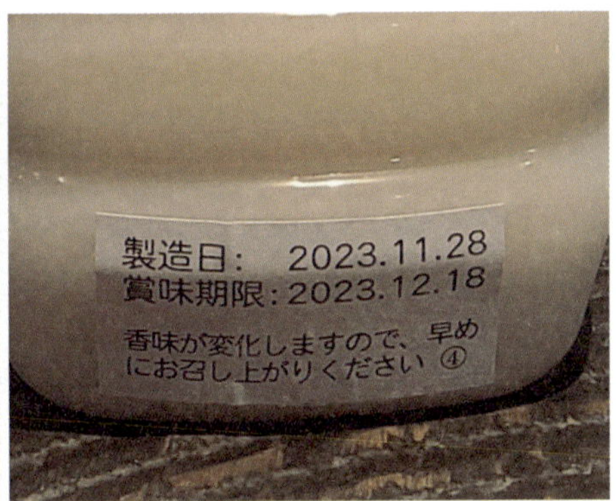


제조일로부터 단 2주일 만에 마셔야 하는 사케도 있다. (주세법상은 기타 양조주)

## 사케의 보관 기간과 올바른 보관 방법

사케는 제조일로부터 얼마나 빨리 마시는 것이 좋을까요? 몇 년이 지난 사케를 마셔도 괜찮을까요? 결론부터 이야기하면 사케는 건강이나 위생상의 문제는 없지만, 시간이 지날수록 맛의 변화가 크게 일어납니다. 오래 보관할 경우 열화와 산화가 진행되면서 신선한 상태에서 느낄 수 있는 본래의 풍미가 점차 사라지고, 너무 오래되면 음용하기 어려운 상태가 될 수 있습니다.

이를 개인적으로 와인이 동전이라면 사케는 지폐에 가깝다고 표현하고 싶습니다. 동전은 시간이 흐를수록 가치가 높

여름에 인기 많은 사케 중 하나인 타마가와의 아이스 브레이커

아질 수도 있고 유통에도 문제가 없지만, 지폐는 시간이 지나면 재생이 힘든 상태가 되어 폐기됩니다. 동전에는 표시되어 있지만 지폐에 제조 연도를 표시하지 않는 것도 이러한 이유에서입니다. 따라서 사케는 오래 보관하기보다는 신선할 때 즐기는 것이 가장 바람직합니다.

사케는 종류별로 권장되는 보관 기간이 다릅니다. 열처리된 일반 사케는 1년 이내, 긴죠와 다이긴죠는 8개월 정도, 나마자케는 6개월 이내에 마시는 것이 좋습니다. 개봉 후에는 더욱 짧아져서 일반 사케는 한 달, 긴죠와 다이긴죠는 2주, 나마자케는 1주 이내에 마실 것을 권장합니다. 최근 인기 있는 사케 중에는 출시 후 3개월 이내 마시기를 권장하는 경우도 많습니다.

사케 보관에서 가장 중요한 것은 자외선과 온도 관리입니다. 열처리된 일반 사케는 직사광선을 피해 서늘한 곳에 보관하면 문제가 없으며, 마실 때 따뜻하게 데우거나 차갑게 즐길 수 있습니다. 반면, 열처리하지 않은 나마자케는 냉장 보관이 필수적입니다. 보관 온도는 15℃ 이하가 적당하며, 자외선을 차단해야 합니다. 또한 개봉 후에는 와인과 달리 눕히지 말고 세로로 세워서 냉장 보관을 해야 산화를 늦출 수 있습니다.

오래된 숙성 사케는 양조장에서 전문가의 관리하에 숙성된 것이기 때문에 집에서 단순히 오래 보관한 사케와는 품질면에서 차이가 있습니다. 이는 구입한 위스키를 집에서 오래 보관한다고 해서 숙성도가 높아지지 않는 것과 같은 이치입니다.

관련 일화를 소개해 드리자면, 몇 년 전 한국의 한 대형 매장에서 있었던 일입니다. 강남의 중심가에 위치한 이 매장은 전문가를 두고 사케를 판매했음에도, 투명한 병에 담긴 두 병의 나마자케를 상온에 진열해 놓았습니다. 두 병 모두 상당히 비싼 가격에 판매되고 있었지만, 사케의 색이 달라져 있었습니다. 판매 담당자는 이러한 색 변화가 자연스러운 현상이며 마시는 데 문제가 없다고 설명했습니다. 하지만 한 병은 제조 후 2년이, 다른 한 병은 9개월이 지난 상태였고, 라벨에는

열처리하지 않은 나마자케는 냉장 보관이 필수

분명히 '나마자케生酒'라고 표시되어 있었습니다. 이처럼 나마자케를 상온에 보관한 것은 부적절했을 뿐만 아니라, 이미 맛이 변질되어 상품 가치가 떨어진 상태였습니다.

나마자케가 아닌 일반 사케라도 자외선을 차단하지 못하는 투명한 병에 담긴 사케는 빨리 소비하거나 신문지 등으로 감싸 보관하는 것이 일반적입니다.


## 변질된 사케의 구분법

신선한 사케의 맛을 제대로 즐기기 위해 시간이 지나면서 변질된 사케를 구분하는 방법을 알아보겠습니다.

첫째, 색상 변화입니다.

사케가 오래되면 당분과 아미노산의 작용으로 연한 갈색이나 노란 빛을 띠게 됩니다. 이는 건강에 해롭지는 않으나 본연의 풍미를 즐기기는 어려운 상태입니다.

둘째, 향의 변화입니다.

개봉하지 않은 상태라면 비교적 양호하나 개봉 후에는 산화 과정으로 인해 강한 시큼한 향이 발생합니다. 이는 산화가 진행된 증거로, 음용하기에 적절하지 않습니다.

셋째, 맛의 변화입니다.

사케는 개봉 후 맛이 급격히 변합니다. 숙성 주류의 경우 감칠맛이 깊어질 수 있으나, 쓴맛이나 신맛이 두드러진다면 음용을 삼가는 것이 좋습니다.

자외선 영향이나 온도 관리 잘못으로
연한 갈색이나 노란빛으로 변한 사케는 피하는게 좋다.

최상의 사케를 즐기기 위해 이러한 변질 징후가 있는 제품은 피하고, 신선한 상태의 사케를 선택하시기 바랍니다.

## 변질된 사케 활용법

변질된 사케를 버리는 대신 활용할 수 있는 실용적인 방법들을 소개해 드리겠습니다.

첫째, 요리 재료로 활용할 수 있습니다.

맛술이나 미림처럼 조리 과정에 사용하면 알코올이 증발하면서 비

열처리된 사케는 상온 보관이 가능하나 1년 이내 마시는 게 좋다.

린내를 제거하고 재료를 부드럽게 만들어 줍니다. 또한 감칠맛을 더해 요리의 풍미를 한층 높여 줍니다.

둘째, 밥을 지을 때 첨가할 수 있습니다.

쌀 360cc 기준으로 사케 한 큰술을 넣으면 전분과 단백질의 유출이 줄어 밥알의 모양이 고르게 유지됩니다. 다만 변질이 심하여 색이 진하거나 냄새가 강한 사케는 사용하지 않는 것이 좋습니다.

셋째, 입욕제로 활용할 수 있습니다.

사케에 풍부하게 함유된 아미노산, 특히 세린 성분이 피부 보습에 도움을 줍니다. 욕조에 사케 한 컵을 넣으면 피부 보습은 물론 전반적인 피부 관리에도 효과적입니다.

이와 같이 변질된 사케도 적절히 활용하면 요리, 취사, 미용 등 일상생활에서 유용하게 사용할 수 있습니다.

## 사케의 보관 방법

요즘 유행하는 나마자케는 특성상 15℃ 이하에서 보관하는 것이 좋습니다. 레드와인의 적정 보관 온도인 12~16℃와 비슷하지만, 최근에는 사케만의 특성을 고려한 전용 셀러도 판매되고 있습니다.

15℃ 이상에서는 의도치 않은 숙성이 일어나 히네카老香라는 불쾌한 향이 발생할 수 있습니다. 또한 자외선도 중요한 변질 원인인데, 햇빛은 물론 형광등에서도 자외선이 나와 닛코슈日光臭라는 특유의 변질 냄새가 날 수 있습니다. 이 때문에 일부 사케는 자외선 차단을 위해 병을 신문지로 감싼 뒤 라벨을 붙여 판매하기도 합니다. 따라서 사케의 품질 유지를 위해서는 적정 온도 관리와 자외선 차단이 필수적입니다.

사케는 개봉 후에는 냉장고에 세워서 보관하는 것이 좋습니다. 와인은 코르크가 마르는 것을 방지하고 팽창된 코르크로 공기 유입을 막아 산화를 방지하고자 눕혀 보관합니다. 반면 사케는 개봉 즉시 산화가 시작되므로 사케와 공기의 접촉 면적을 최소화하기 위해 세워서 보관

신문지로 포장된 호라이

후쿠시마의 명주 샤라쿠

해야 합니다. 이렇게 하면 산화 속도를 늦춰 신선한 맛을 오래 유지할 수 있습니다.

## 사케의 BY와 제조 연월

사케 라벨에는 제조일을 나타내는 양조 연도BY, Brewery Year와 제조 연월 두 가지 표기가 있습니다. BY는 선택적 기재 사항이며, 양조 연도를 뜻합니다. 제조 연월은 반드시 표기해야 하는 필수 정보입니다.

두 표기의 차이는 명확합니다. BY는 발효 과정에서 술덧모로미을 압착해 사케를 추출하는 시점이며, 제조 연월은 병입하여 출하 준비를 마친 시점입니다. 두 시점 사이에 차이가 있다면 그만큼 사케가 저장되었거나 숙성되었다는 것을 의미합니다.

BY는 서기로 표기될 때도 있지만, 일본 연호로 표기되는 경우도 많습니다. 예를 들어, 2023BY는 2023년에 양조된 사케를 의미합니다. 한편, H29BY나 R5BY는 각각 일본 연호를 사용한 것으로, H는 헤이세이, 즉 1989년이 H1년, R은 레이와, 즉 2019년이 R1년으로, H29BY는 2017년, R5BY는 2023년 양조를 의미합니다.

일본 주세법상 BY는 7월 1일부터 다음 해 6월 30일까지를 기준으로 합니다. 따라서 2024년 2월 양조된 사케는 2023BY로 표기됩니다. 이는 쌀 수급 상황에 따라 배분을 원활히 하고 양조 작업이 주로 시작되는 시기인 7월에 맞춘 것입니다.

BY와 제조 연월이 동시에 병기된 라벨

예를 들어, 라벨에 '2021BY'로 표기된 사케는 2021년 7월부터 2022년 6월 사이에 양조 및 압착된 것입니다. 같은 라벨에 제조 연월이 'R5년 1월'로 표시되어 있다면 이는 레이와 5년인 2023년 1월에 병입되었다는 뜻입니다. 따라서 2021년 양조 후 2023년에 병입된 이 사케는 1~2년의 숙성 기간을 거친 것으로 볼 수 있습니다.

이처럼 라벨을 통해 사케의 최적 음용 시기를 파악할 수 있습니다.

# 다채로운 맛을 가진
# 사케의 매력
## : 사케 맛과 향의 분류

사케는 동일 브랜드 안에서도 다양한 제품군을 보유하고 있습니다. 예를 들어 쿠보타는 만쥬, 센쥬, 헤키쥬, 코쥬, 셋포 등 여러 제품이 있는데, 라벨의 정보는 조금씩 다르지만 맛의 차이를 정확히 구별하기란 쉽지 않습니다. 또한 양조 방식과 재료 선택에 대한 각 브랜드의 고유한 철학이 반영되어 제품마다 독특한 특징과 맛을 지니게 됩니다. 사케의 다채로운 매력을 더 깊이 느끼고 싶다면 사케의 맛과 향을 분류하는 방법을 알아두면 도움이 됩니다.

### SSI의 네 가지 분류법

니혼슈 서비스 연구회SSI가 제시한 향과 맛에 따른 네 가지 분류법은

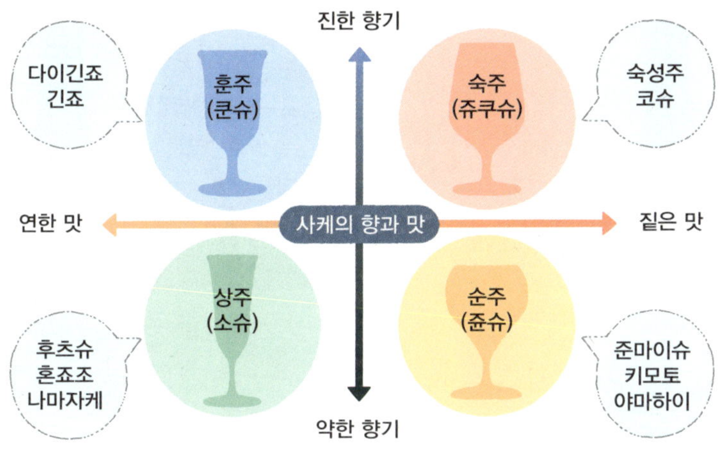



사케의 향과 맛에 따른 네 가지 분류법

일본에서 가장 보편적으로 사용되는 사케 분류 방식입니다.

## 훈주

사케 중에서 훈주薰酒, くんしゅ는 과일의 달콤함과 꽃의 화사하고 풍부한 향이 특징입니다. 맛은 가볍고 경쾌하며, 색상도 대체로 맑고 투명합니다. 주로 다이긴죠나 긴죠 계열의 사케가 여기에 속하며, 이러한 독특한 향과 맛으로 한국을 비롯한 해외 시장에서 사케 열풍을 주도하고 있습니다.

대표적인 훈주 브랜드 에이코후지(쥰마이다이긴죠만을 양조하는 브랜드)

## 상주

상주爽酒, そうしゅ는 청량감이 풍부하고 깔끔한 맛이 특징인 사케입니다. 향이 은은하게 절제되어 맑고 깨끗한 인상을 줍니다. '담려淡麗'라고도 불리는 이 유형은 산뜻하고 상쾌한 맛을 선호하는 이들에게 적합합니다. 주로 후츠슈, 혼죠조, 나마자케 계열이 이에 해당하며, 특히 시원하고 깔끔한 풍미로 여름철에 인기가 높습니다.

대표적인 상주 브랜드 쿄쿠코
(여름에 주로 출시되는 사케)

## 순주

순주는 쌀의 깊은 감칠맛과 진한 풍미가 특징인 사케입니다. 무게감 있는 바디감이 두드러지며, 주로 쥰마이슈, 키모토, 야마하이 계열이 이에 속합니다. 전통적인 제조 방식을 따르는 클래식한 사케로 분류되며, 예로부터 아츠칸을 즐기던 애주가들 사이에서 큰 인기를 얻어왔습니다. 특히 각 지역의 현지 사케인 지자케 중에서도 이러한 타입을 흔히 볼 수 있습니다. 순주는 따뜻하게 데워 마시는 아츠칸으로 즐길 때 가장 빛을 발하며, 진한 감칠맛과 따뜻한 온기를 동시에 느낄 수 있습니다.

옛 양조 방식인 키모토 방식으로 양조한 순주 대표 브랜드 다이시치

## 숙주

숙주는 말린 과일과 향신료의 복잡한 숙성 향이 특징인 사케입니다. 걸쭉한 목 넘김과 농후한 맛을 지니며, 주로 황금색이나 노란빛을 띱니다. 5년 이상의 숙성 과정을 거치는데, 고급 와인이나 위스키가 숙성으로 가치를 더하듯 사케도 오래 숙성할수록 더욱 깊은 감

대표적인 숙주 브랜드 다루마마사무네

칠맛이 살아납니다. 숙성주와 고주古酒로 분류되며, 대표적으로 기후현의 다루마마사무네가 널리 알려져 있습니다.

## 사케의 모던과 클래식 두 가지 분류법

니혼슈 서비스 연구회SSI의 네 가지 분류법은 사케를 잘 아는 사람들에게는 유용하지만, 처음 접하는 사람들에게는 다소 복잡할 수 있습니다. 초보자들에게는 '클래식'과 '모던'이라는 단순한 분류가 사케를 이해하는 데 더 도움이 될 수 있습니다.

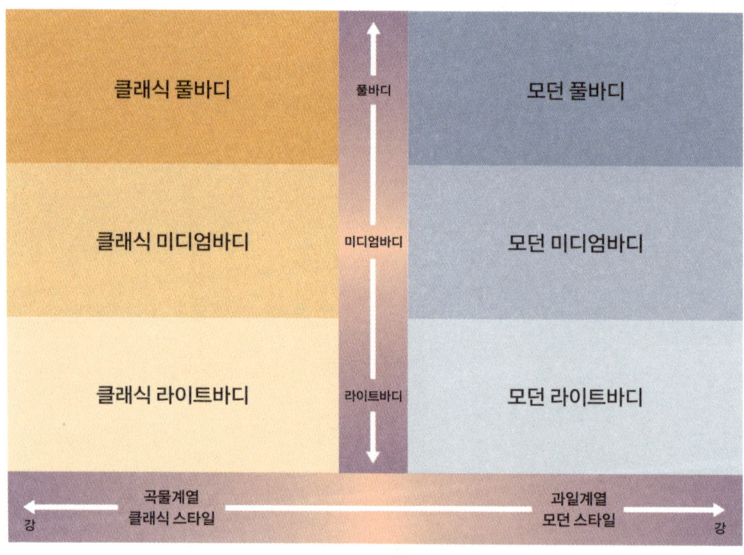


모던과 클래식의 구별

클래식 스타일은 데워 마시는 정종처럼 깊고 전통적인 맛이 특징이며, 기성세대가 선호하는 방식입니다. 반면 모던 스타일은 풍부한 향과 과일 맛, 가벼운 음용감이 특징으로, 현대적인 트렌드에 잘 맞아 특히 사케 입문자들이 접근하기 좋습니다.

## 초보자에게 추천하는 사케

사케를 처음 접하는 사람들에게 가장 중요한 것은 자신의 취향에 맞는 사케를 찾는 것입니다. 드라이한 카라구치를 좋아하는 사람이 있는가 하면, 카베르네 소비뇽처럼 풍부한 바디감을 선호하는 사람도 있습니다. 특정 사케가 '더 좋다'고 단정짓기보다는 개인의 취향에 맞는 사케를 찾는 것이 핵심입니다. 최고 등급인 쥰마이다이긴죠도 양조장의 기술력이 부족하면 기대에 못 미칠 수 있으며, 반대로 우수한 양조장에서 만든 정미 비율 70% 이하의 혼죠조는 일반적인 쥰마이다이긴죠보다 더 뛰어난 맛을 선보일 수 있습니다.

사케를 고르는 주요 세 가지 방법은 다음과 같습니다.

첫째, 라벨을 꼼꼼히 살펴봅니다.

최근 인기 있는 '쥰마이다이긴죠'나 '쥰마이긴죠'와 같은 특정 명칭주 표기를 확인하는 방법입니다. 또한 '무로카나마겐슈'라는 표시도 좋은 기준이 됩니다. 이는 여과하지 않은 '무로카', 열 처리하지 않은 '나마', 물을 더하지 않은 '겐슈' 방식으로 만든 사케로, 현대의 트렌드에 부합합니다.

라벨에 쌀 품종이 명시되어 있다면 더욱 좋습니다. 일반적으로 저품질 쌀은 '국내산'으로만 표기되지만, 야마다니시키나 오마치 같은 고품질 품종이 표시되어 있다면 우수한 주질을 기대할 수 있습니다. 예를 들어, 오마치 품종으로 만든 무로카나마겐슈 방식의 쥰마이

쥰마이긴죠 무로카나마겐슈 오마치, 마츠노 고토부키

긴죠라면, 브랜드 인지도와 관계없이 뛰어난 맛과 향을 기대할 수 있습니다.


둘째, 사케 랭킹 사이트를 활용합니다.

사케노와さけのわ와 사케타임SAKETIME은 신뢰할 수 있는 사케 랭킹 사이트입니다.(사케노와: https://sakenowa.com/, 사케타임: https://jp.sake-times.com/) 이러한 사이트의 순위와 전문가 평가를 참고하면 자신에게 맞는 사케를 선택할 확률이 훨씬 높아집니다.

현재 일본에는 기준에 따라 다르지만 1,300여 개 양조장에서 5,000종 이상의 사케가 생산되고 있는데, 사케노와의 TOP 100에 선정된 제

# 日本酒ランキング

毎月1日に集計しています。ランキングは、お気に入り登録数、殿堂入り数、最近のチェックイン数を独自のアル:
傾向があります。
公開日:2025年1月1日

### 1位 新政
新政酒造 秋田県
24,864 チェックイン
★★★★☆
4.29ポイント

1위 新政: 아키타의 명주로 일본을 넘어서 세계적인 명주로 거듭 태어나고 있는 아라마사

### 2位 風の森
油長酒造 奈良県
14,085 チェックイン
★★★★☆
4.11ポイント

2위 風の森: 사케의 발상지 나라(奈良)에서 양조되는 바람의 숲이라는 뜻의 카제노모리

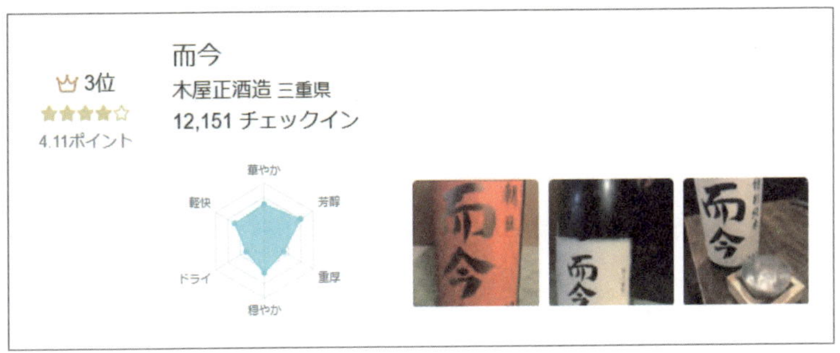

### 3位 而今
木屋正酒造 三重県
12,151 チェックイン
★★★★☆
4.11ポイント

3위 而今: 과거와 미래에 얽매이지 말고 현재를 열심히 살자는 뜻의 미에의 명주, 지콘

품이라면 등급과 관계없이 높은 만족도를 기대할 수 있습니다. 일반 상업 사이트는 판매 목적으로 랭킹을 매기기도 하지만, 사케노와와 사케타임은 소비자 평가와 판매량, AI 기반 데이터를 종합적으로 분석해 순위를 정합니다. 이러한 객관적인 평가 방식으로 신뢰할 수 있는 정보를 제공하고 있습니다.

셋째, 초보자가 피하면 좋은 사케를 알아두는 것도 중요합니다.

초보자에게 맞지 않을 가능성이 높은 사케를 미리 파악해 두는 것도 사케 선택에 도움이 됩니다. 다만, 이는 개인적인 의견이며 취향에 따라 다를 수 있으니 참고 자료로 이해하시기 바랍니다. 초보자에게 부담스러울 수 있는 사케는 라벨에 키모토生酛 나 야마하이山廃 방식으로 제조되었음을 표기한 전통 양조 방식의 제품입니다. 이러한 사케는 최근 트렌드와는 거리가 있으며, 과음 시 다음 날 피로감이 클 가능성이

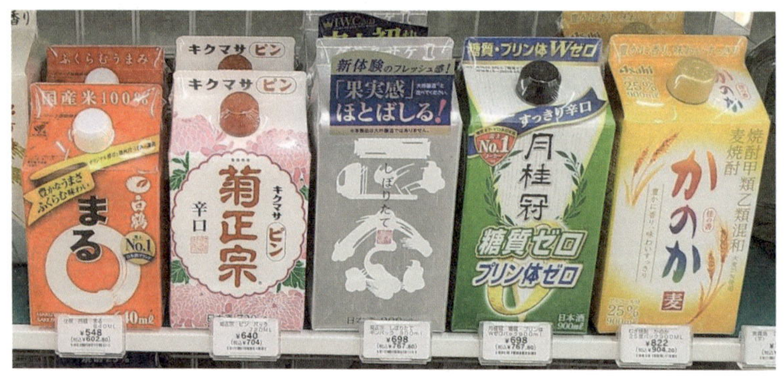

슈퍼마켓에서 판매되는 종이팩 사케

높습니다. 또한 슈퍼마켓이나 편의점에서 판매하는 사케 역시 품질면에서 추천하기 어려우며, 일본의 한 사케 전문가는 "슈퍼마켓이나 편의점에서 추천할 만한 사케는 전혀 없다"고 단언했을 정도입니다.

사케의 진정한 즐거움은 바로 다양한 브랜드와 각양각색의 풍미에 있습니다. 한 번 실패했다고 실망하거나 사케를 멀리하기보다는, 그 사케가 지닌 전통과 역사, 그리고 특별한 이야기를 음미하며 새롭게 시도해 볼 것을 권유합니다. 그러다 보면 반드시 자신의 취향에 딱 맞는 사케를 발견하게 될 것입니다.

여행을 준비할 때 계획을 세우며 느끼는 설렘은 실제 여행지에서의 감동 못지않은 즐거움을 줍니다. 사케도 마시기 전에 그 안에 얽힌 스토리와 정보를 알고 마시는 것과 모르고 마시는 것은 차이가 있습니다. 알고 마시는 사케 한 잔은 마치 일본 여행을 떠나는 듯한 새로움이 될 것입니다.

언젠가 떠나고 싶고, 또다시 찾고 싶은 일본의 매력을 사케 한 잔으로 느낄 수 있다면 이보다 쉬운 여행 준비는 없을 것입니다. 가벼운 여행 가이드를 펼치는 마음으로, 지금부터 사케의 세계로 함께 떠나보세요.

# 사케 주문 전 알아야 할 필수 지식

## : 사케를 맛보기 위한 사전 정보

# 왜 사케는 김치찌개와
# 어울리지 않을까?
## : 페어링의 의미

음식과 술의 조화로운 매칭을 페어링pairing이라고 하는데, 주류마다 잘 어울리는 음식이 있습니다. 소주는 삼겹살이나 김치찌개처럼 양념이 강한 음식과 잘 어울리고, 막걸리는 발효 과정에서 생긴 탄산과 유산균 덕분에 파전이나 제육볶음, 두부김치 같은 기름지거나 매운 음식과 궁합이 좋습니다. 맥주는 오징어나 땅콩과 자연스레 페어링됩니다.

다만 페어링에 절대적인 기준이 있는 것은 아니며, 개인의 취향과 상황에 따라 얼마든지 달라질 수 있습니다.

### 한국인과 일본인의 술 문화 차이

한국과 일본의 술 문화는 겉으로는 비슷해 보이지만 뚜렷한 차이를 보입니다. 한국인에게 술은 맛있는 음식과 함께 즐거운 시간을 나누는 소통의 매개체이며, 특히 친밀한 이들과 소주 한 잔을 기울이는 순간을 소중히 여깁니다. 한국에서는 술이 음식의 맛을 돋보이게 하는 보조적 역할을 하며, 특정 음식을 떠올리면 자연스럽게 소주가 연상됩니다. 때로는 소주 한 잔 그 자체만으로 그리움의 대상이 되기도 합니다.

반면 일본의 술 문화는 개인적 성향이 더 강하게 나타납니다. 여럿이 모여 술을 즐기는 문화보다는 개인의 취향을 중시하는 경향이 있어, 사케를 대하는 태도도 한국과는 다릅니다. 이자카야를 보면 이러한 특징이 잘 드러나는데, 1인용 바와 소규모 테이블이 주를 이루며, 사케 역시 병 단위가 아닌 잔 단위로 제공됩니다.

미에현의 명주 자쿠 미야비노토모

한국과 일본의 술 문화는 요리와의 페어링에서도 명확한 차이를 보입니다. 한국은 단순명료함을 추구하여 치킨과 맥주, 회와 소주처럼 음식과 술의 조합이 정형화되어 있습니다. 이에 비해 일본은 사케 한 잔에도 깊이 있는 의미를 부여하여 지역별, 브랜드별, 심지어는 온도에 따른 미묘한 맛의 차이를 고려하며 요리와의 조화를 추구합니다. 이러한 차이는 일본의 요리가 소량으로 제공되고 높은 가격대를 형성하는 것과 연관되어 한 잔의 사케에 더욱 특별한 가치를 부여하는 문화로 이어졌다고 볼 수 있습니다.

최근에는 한국에서도 사케에 대한 관심이 높아지면서 기존의 단순한 음주 방식에서 벗어나 술을 한 잔 한 잔 음미하고 음식과의 조화를 고려하는 세련된 음주 문화가 확산되고 있습니다.


## 사케와 요리의 페어링

일본의 전통적인 식문화에서 사케는 요리를 돋보이게 하는 조연의 역할에 충실했습니다. 요리가 주인공이었고, 사케는 그 맛을 한층 높이는 보조적 위치에 있었습니다. 하지만 최근에는 사케 역시 요리와 대등한 주인공으로 자리매김하면서 손님들은 요리와 사케를 균형 있게 즐기는 새로운 문화를 만들어가고 있습니다.

이러한 술과 음식의 조화로운 만남은 와인 문화에서 차용한 '마리아주mariage'라는 개념으로 설명할 수 있습니다. 이는 단순히 술과 음식을

 CHAPTER 02
사케 주문 전 알아야 할 필수 지식

회와 잘 어울리는 와카야마현 사케, 쿠로우시

함께 먹는 차원을 넘어서, 서로의 맛과 향, 풍미가 어우러져 더 깊이 있는 경험을 만들어 내는 현대적 음주 문화를 의미합니다. 이제 사케와 요리의 다양한 페어링 방식을 살펴보겠습니다.

### 농담 맞추기

농담濃淡이란 술과 요리의 진하고 담백한 정도를 조화롭게 매칭하는 것을 말합니다. 와인에서 진한 풍미의 레드와인은 육류와, 가벼운 화이트와인은 해산물과 잘 어울리듯이, 사케도 이와 같은 원리를 따릅니다. 진한 풍미가 특징인 코슈古酒, 키모토生酛, 야마하이山廃 같은 사케는 닭꼬치와 같은 육류 요리와 좋은 조화를 이루며, 산뜻하고 깔끔한 맛의 나마자케는 생선구이와 잘 어울립니다.

## 향미 맞추기

향미香味는 사케와 요리의 향과 맛의 유사성을 고려해 조화로운 페어링을 만드는 방식입니다. 신선한 회와 해산물, 나물 튀김과 같은 요리에는 과일 향이 풍부한 쥰마이긴죠나 쥰마이다이긴죠 계열의 사케가 잘 어울립니다. 레몬즙이나 식초를 곁들인 생굴과 같은 상큼한 요리는 산도가 높은 카라구치 계열의 사케와 페어링하면 상큼한 맛이 더욱 돋보입니다.


## 온도 맞추기

사케는 차가운 레이슈冷酒, 따뜻한 칸燗, 상온의 히야冷や 등 다양한 온도대에서 즐길 수 있습니다. 차가운 요리에는 차가운 사케를, 따뜻한 요리에는 따뜻한 사케를 매칭하는 것이 기본입니다. 특히 칸의 경우 30℃부터 55℃까지 히나타칸, 히토하다칸, 누루칸, 죠칸, 아츠칸, 토비키리칸 등 세분화된 온도 단계가 있어 각각의 온도에 어울리는 요리와 페어링하면 더욱 풍부한 맛의 조화를 경험할 수 있습니다. (온도별 추천 사케 정보는 114쪽을 참고하세요.)


## 같은 종류끼리 조합하기

깔끔하고 담백한 카라구치 계열의 사케는 냉두부冷奴, 히야얏코 같은 담백한 요리와 잘 어울립니다. 이처럼 비슷한 특성을 가진 음식을 매칭하면 서로의 특징을 해치지 않고 조화롭게 즐길 수 있습니다. 그런 의

미에서 카라구치 계열의 사케에는 기름진 요리나 강한 향신료가 들어
간 음식을 피하는 것이 좋습니다.

### 산지가 같은 사케와 요리 조합하기

일본의 다양한 기후와 생태 환경은 지역별로 특색 있는 사케와 요리
를 만들어 냅니다. 홋카이도의 폭설부터 오키나와의 아열대성 기후까
지, 각 지역의 환경에서 재배된 쌀로 만든 사케는 같은 지역의 식재료
로 만든 요리와 자연스러운 조화를 이룹니다. 이는 우리나라의 막걸리
를 이국적인 식재료와 함께 즐기지 않는 것과 같은 맥락입니다.

연어와 고등어에 특화해 만든 사케, 잇핀

### 완전 반대의 종류끼리 조합하기

반대되는 성향의 조합은 역발상에서 오는 신선한 매력이 있으며, 개
인의 취향에 따라 특별한 페어링이 될 수 있습니다. 예를 들어, 기름

진 요리에 깔끔하고 상쾌한 사케를 곁들이면 입안이 개운해지는 효과를 얻을 수 있습니다. 기름기를 강조해 풍미를 더할지, 혹은 깔끔하게 중화할지는 개인의 선호도에 따라 선택할 수 있으며, 이러한 대비되는 조합도 사케를 즐기는 묘미가 됩니다.

### 의외의 장르를 조합하기

예상치 못한 조합이 때로는 특별한 페어링의 즐거움을 선사합니다. 대표적으로 위스키나 와인의 단골 페어링인 치즈가 사케와도 훌륭한 조화를 이룹니다. 사케와 치즈는 모두 발효 식품으로써 감칠맛을 내는 아미노산이 풍부해 서로의 맛을 더욱 돋보이게 합니다. 이처럼 발효라는 공통점을 가진 의외의 조합을 시도해 보는 것도 사케를 즐기는 새로운 방법이 될 수 있습니다.

### 사케 종류별로 조합하기

신선하고 깔끔한 맛이 특징인 나마자케生酒는 샐러드, 생선구이, 야채튀김과 같은 가벼운 요리와 잘 어울립니다. 긴죠와 다이긴죠처럼 풍부한 향을 지닌 사케는 카르파초, 레몬을 곁들인 생굴, 바지락 술찜 등과 조화를 이룹니다. 깊은 맛과 향이 특징인 숙성 사케 코슈古酒는 전골이나 마파두부, 견과류와 잘 어울리며, 감칠맛과 단맛이 강한 키모토와 야마하이 계열의 사케는 닭꼬치나 칠리새우 같은 풍미 있는 요리와 좋은 페어링이 됩니다.

신칸센의 에키벤駅弁과 조화를 이루는 기후현 호라이

야마구치현의 지자케 비교 시음 세트

　페어링의 기본 원칙들은 참고 사항일 뿐, 개인의 취향과 미각에 따라 달라질 수 있습니다. 최근에는 대부분의 사케가 식중주로 양조되어 요리와의 조화가 더욱 중요해졌습니다. 단순하고 쉽게 설명하면 한국인 기준에서 사케와 가장 잘 어울리는 요리는 우리가 아는 일식 요리입니다. 이는 단순히 맛의 조화뿐 아니라 그에 따른 이미지와 분위기도 중요하기 때문입니다. 개인적으로는 아무리 훌륭한 사케와 맛있는 요리가 있어도 사케 한 잔의 진정한 가치는 함께하는 이와의 조화에서 완성된다고 생각합니다.

# 일식집 사케는
# 나에게 오마카세
## : 일식집 사케 메뉴 이해하기

한국에서도 사케 바가 점차 늘어나는 추세이지만, 여전히 보급률은 낮은 편입니다. 일식집이나 이자카야에 방문했을 때 사케 메뉴를 접하면 어떤 선택을 해야 할지 고민될 때가 많습니다. 이는 비단 사케의 종류가 다양하지 않아서라기보다 간혹 적혀 있는 메뉴들을 잘못 이해하고 볼 때도 있기 때문입니다.

이에 일반적인 한국 내 일식집과 이자카야에서 만날 수 있는 사케들을 미리 살펴보며, 메뉴 선택에 도움이 될 만한 기본적인 정보를 전달하고자 합니다. 지금까지 알게 된 사케 브랜드와 종류 등 기본적인 지식을 바탕으로 일상적으로 접하게 되는 일식집의 사케 메뉴를 보면 좀 더 재미있는 선택이 될 것입니다.

한국의 일반 일식집 사케 메뉴 예

## 한국의 일반 일식집과 아자카야에서 만날 수 있는 사케

한국에서 트렌디한 사케들은 대부분 전문 바에서만 만날 수 있으며, 일반 일식집에서는 일본의 슈퍼마켓이나 편의점에서 흔히 볼 수 있는 보급형 사케가 주를 이룹니다. 이 사케들은 브랜드별 특징이 뚜렷하지 않아 메뉴 선택이 쉽지 않습니다. 따라서 일반 일식집에서 사케를 주문할 때는 쿠보타나 닷사이 같은 대중적으로 검증된 브랜드를 선택하는 것이 안전합니다.

한국에서 가장 인기있는 대중 사케 간바레오토상

다음은 한국에서 가장 대중적인 인기를 얻고 있는 사케로 '간바레오토상'을 선택하는 것입니다. 종이팩 용기로 출시되었음에도 우수한 맛과 뛰어난 가성비로 많은 이들의 사랑을 받고 있습니다. 종이팩에 담긴 술이 어색할 수 있으나, 오히려 이러한 일본 특유의 패키징이 제품의 매력을 더하는 요소로 작용하고 있습니다.

이제 한국의 일식집 메뉴에서 쉽게 만날 수 있는 대표 사케를 소개하겠습니다. 다양한 매장 방문 경험과 수집한 자료를 바탕으로 주요 사케들의 특징을 정리했습니다. 이 정보가 여러분의 사케 선택에 도움이 되길 바랍니다.

한국 일식집의 사케 메뉴 예

## 쥰마이750

32,000원대의 가장 저렴한 가격대를 형성하고 있는 이 사케는 주의 깊게 살펴볼 필요가 있습니다. '쥰마이'는 본래 양조 알코올을 첨가하

지 않고 순수 쌀만으로 빚은 사케를 지칭하는 용어지만, 메뉴판에는 마치 브랜드명처럼 표기되어 있어 오해의 소지가 있습니다. 또한 '750'이라는 표기는 일반적인 사케 용량인 720$ml$와도 차이가 있어 와인 병 규격을 따른 것인지 다른 의미가 있는지 불분명합니다. 가성비 측면에서 본다면 이런 류의 검증되지 않은 사케보다는 한국의 청하나 프리미엄 소주를 선택하는 것이 더 현명한 선택이 될 수 있습니다.

### 하나키자쿠라 쥰마이긴죠

이 제품은 교토의 대형 양조장 키자쿠라黃桜에서 생산하는 '하나' 라인의 쥰마이 사케로 추정됩니다. 메뉴판에서 동일한 '쥰마이'를 '쥰마이'와 '준마이'로 다르게 표기한 것만 봐도 메뉴 작성자의 사케에 대한 이해도가 낮음을 알 수 있습니다.

키자쿠라는 오랜 역사를 지닌 양조장이지만, 전통 사케의 품질을 저하시킨 기계식 생산의 대형 양조장으로 유명합니다. 일본의 슈퍼마켓이나 편의점에서 흔히 볼 수 있는 저가 사케로, 추천하기 어려운 제품입니다. 42,000원이라는 가격대가 부담 없어 보일 수 있으나 이보다는 차라리 품질 좋은 한국의 프리미엄 소주를 추천합니다.

하나키자쿠라, 쥰마이긴죠

## 남부비진 긴죠

47,000원대의 남부비진 긴죠는 품질과 명성 면에서 충분히 추천할 만한 사케입니다. JAL 항공사의 비즈니스 클래스에서 제공된 이력이 있는 유명 사케로, 브랜드의 신뢰도가 높습니다.

'남부비진南部美人'이란 이름은 흥미로운 유래를 가지고 있습니다. 언뜻 보면 남부 지역의 사케로 오해할 수 있으나, 실제로는 혼슈 동북부 이와테현의 사케입니다. '남부'는 이 지역 옛 번주의 이름에서 따 온 것이며 '비진美人'은 '미인'을 의미하여 '이와테의 미인'이라는 뜻을 담고 있습니다. 이와테현에서 아카부赤武에 이어 2위를 차지할 만큼 품질을 인정받는 명주로, 그 역사와 전통을 고려할 때 충분한 가치가 있는 선택입니다.

이와테현 명주 남부비진

## 상선여수 쥰마이

사케 이름이 너무 길거나 복잡하면 발음하기 어렵고 주문하는 데 불편함을 겪게 됩니다. '상선여수 쥰마이'가 대표적인 예시입니다. 메뉴판에 한자 대신 한글로 표기된 것은 발음의 어려움을 고려한 것으로 보입니다. 그런데 흥미로운 점은 이 메뉴 아래에 일본어 발음으로도 표기되어 있다는 점입니다. '상선여수'는 한자로 上善如水라 쓰며, 일본어로는 '죠젠미즈노고토시'라고 읽습니다. 죠젠미즈노고토시는 대형 양조장에서 생산됨에도 뛰어난 맛과 강력한 브랜드 파워를 바탕으로 높은 인기를 얻고 있는 고품질 제품입니다. 다만, 이름의 길이와 복잡성으로 인해 소비자들이 쉽게 접근하기 어려울 수 있어 네이밍 측면에서는 개선의 여지가 있어 보입니다.

## 죠젠미즈노고토시

메뉴판에서 '상선여수'와 같은 브랜드인 '죠젠미즈노고토시'는 구체적인 라인업 설명이 누락되어 있어 아쉽습니다. 다만 77,000원이라는 가격대로 미루어 볼 때 쥰마이긴죠 급의 프리미엄 제품일 것으로 추정됩니다.

이 정도 가격대에서 이 정도 브랜드 가치를 지닌 사케는 충분히 추천할 만한 선택입니다. 동일 브랜드의 상위 라인업으로써 더 정제된 맛과 향을 기대할 수 있을 것입니다.

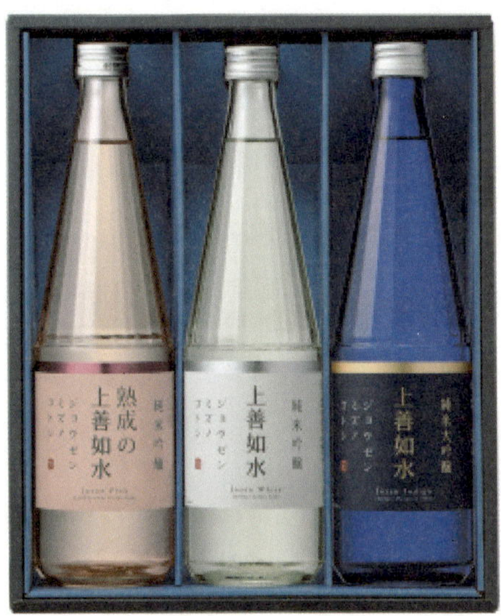

니가타 사케 상선여수(죠젠미즈노고토시)

## 쿠보타 센쥬

쿠보타는 한국의 사케 시장에서 가장 높은 인지도를 자랑하는 브랜드 중 하나입니다. 특히 '센쥬千壽'와 '만쥬萬壽'는 각각 천수와 만수를 누리라는 의미를 담은 제품으로, 가장 잘 알려진 라인업입니다.

쿠보타 만쥬가 한국의 사케 붐 이전부터 프리미엄급 제품으로 자리잡았고, 센쥬 역시 이러한 브랜드 파워를 바탕으로 꾸준한 인기를 유지하고 있습니다. 하지만 전문가들 사이에서는 이러한 대중적 인지도에 비해 품질 면에서는 특별히 추천할 만한 수준은 아니라는 평가가 지배적입니다.

## 온나나카세

온나나카세는 일본보다 한국에서 더 큰 인기를 누리고 있는 독특한 사례입니다. 이는 한국에서 성공한 '간바레오토상'과 비슷한 맥락으로, 성공적인 마케팅 전략의 결과로 볼 수 있습니다. 대부분의 일식집에서 쉽게 찾아볼 수 있는 이 사케는 시즈오카현 제품이지만, 전국 랭킹을 떠나서 시즈오카현 내에서도 15위권에 머무는 수준입니다. '간바레오토상'이 '아빠 힘내세요'라는 의미로 한국인의 정서에 호소했듯이 '온나나카세'는 '여자를 울리다'라는 의미를 담은 신선한 네이밍과 라벨 디자인으로 한국 소비자들의 관심을 사로잡았습니다. 그러나 가격 대비 품질을 고려했을 때 적극적으로 추천하기 어려운 제품입니다.

## 쿠보타 만쥬

쿠보타 만쥬는 현재 한국 사케 시장에서 최고의 인기를 구가하고 있는 제품입니다. 하지만 한국에서의 높은 인지도와 달리, 일본의 공신력 있는 사케 평가 사이트인 '사케노와'의 전국 순위에서는 45위에 그치고 있습니다. 이는 쿠보타 만쥬보다 더 우수한 평가를 받는 사케가 44종이나 있다는 것을 의미합니다.

195,000원이라는 프리미엄 가격대를

쿠보타 센쥬와 만쥬

고려할 때, 이 사케는 선택하기 전에 재고해 볼 필요가 있습니다. 브랜드 가치와 실제 품질 사이의 격차를 고려하면 이 가격대에서 선택할 수 있는 다른 우수한 사케들을 탐색해 보는 것이 현명할 수 있습니다.

## 한국의 일반 일식집과 아자카야에서 만날 수 있는 사케

이번에는 색다른 일식집의 사케 메뉴를 소개해 드리겠습니다. 이곳은 일반 일식집과 달리 사케 메뉴에 각별한 공을 들인 것이 돋보입니다. 메뉴판에는 사케 사진과 함께 상세한 설명이 있어 사케를 처음 접하는 분들도 부담 없이 선택할 수 있게 구성되어 있습니다.

한국 일식집의 사케 메뉴

## 타카키노 잇본 쥰마이다이긴죠

타카키노 잇본 쥰마이다이긴죠는 '죠젠미즈노고토시'의 제조사인 시라타키 주조가 선보인 프리미엄 라인입니다. '타카키의 한 병'이라는 의미로, 양조장의 양조 책임자 마츠모토 타카키의 이름을 따서 만들어졌습니다.

최고급 쥰마이다이긴죠로 분류되는 이 사케는 유명한 쿠보타 만쥬보다도 높은 출하가를 기록하고 있습니다. 정미 비율 35%의 고급 사양으로, 품평회와 콘테스트를 겨냥해 제작된 것으로 보이며, 시그니처 제품으로서의 가치가 충분합니다. 가격대가 다소 높지만, 특별한 날을 위한 최고의 선택이 될 것입니다.

타카키노 잇본 쥰마이다이긴죠

## 죠젠미즈노고토시 쥰마이다이긴죠

죠젠미즈노고토시 쥰마이다이긴죠는 시라타키 주조가 선보이는 고급 사케입니다. 최상위 제품인 타카키노 잇본보다는 한 단계 아래지만, 일반 라인업 중에서는 최고급으로 평가받고 있습니다. 정미 비율 45%로, 깊은 풍미와 깔끔한 맛이 조화를 이루어 가격 대비 뛰어난 만족도를 제공합니다.

## 미나토야토스케 쥰마이다이긴죠

미나토야토스케 쥰마이다이긴죠는 시라타키 주조의 창업자 미나토야 토스케의 이름을 딴 제품입니다. 니가타 지역의 우수한 양조용 쌀인 코시탄레이로 빚은 이 사케는 정미 비율 50%의 쥰마이다이긴죠입니다. 앞서 소개한 두 제품보다 정미 비율은 다소 높지만, 쥰마이다이긴죠 특유의 풍부한 맛을 온전히 즐길 수 있습니다. 합리적인 가격으로 부담 없이 즐기기에 좋은 선택입니다.

## 시쿤의 쥰마이 긴죠 실버와 쥰마이 블랙

시쿤의 쥰마이 긴죠 실버와 쥰마이 블랙은 전통적인 스타일의 농후한 사케입니다. 데워 마시는 아츠칸용으로는 어울리지만, 전체적인 품질은 기대에 미치지 못합니다. 진한 풍미 때문에 호불호가 강하게 나뉘며, 특히 과도하게 농후한 맛에 대한 부정적인 평가가 많습니다.

이 사케는 전국 순위권에는 들지 못하고, 돗토리현 내에서도 13위에 머물러 있습니다. 돗토리현 최고 순위인 치요무스비조차 전국 171위인 점을 감안하면 돗토리현의 사케는 일본 사케 시장에서 다소 변방에 속한다고 볼 수 있습니다.

돗토리현 내 13위를 기록한 시쿤

### 야에가키 토쿠베츠 준마이 / 야에가키 준마이

이 사케는 의외의 특징을 지니고 있습니다. 일본에서는 사케를 니혼슈日本酒라고 부르는데, 야에가키는 주세법상 니혼슈가 아닌 청주로 분류됩니다. 니혼슈는 일본산 쌀을 사용해 일본 현지 양조장에서 생산한 술을 의미하지만, 야에가키는 미국산 쌀로 미국에서 양조된 제품입니다. 일본 효고현에 야에가키 양조장이 있기는 하나,

야에가키 청주

일본 내에서도 인지도가 매우 낮은 브랜드라 추천하기 어려운 제품입니다.

### 센 300

토야마현의 긴반주조에서 생산하는 사케로, 300㎖ 소용량 제품입니다. 알코올 도수가 13.5%로 비교적 낮아 부담 없이 즐기기 좋습니다. 일반 후츠슈 등급으로, 특별한 풍미보다는 합리적인 가격대의 일상적인 사케를 찾는다면 추천할 만한 제품입니다.

## 진정한 트렌드 사케를 경험할 수 있는 전문 사케 바

사케 전문 바의 메뉴는 일반 일식당과는 차원이 다른 세계를 선보입니다. 브랜드의 깊이와 풍부한 맛, 폭넓은 가격대까지 갖추어 프리미엄 사케의 다양한 매력을 온전히 느낄 수 있는 특별한 공간입니다.

메뉴판에는 일본 전국 50위권에 드는 프리미엄 사케들이 주를 이루며, 쿠보타 만쥬 급 이상의 고품격 사케가 절반 가까이를 차지해 매우 인상적인 라인업을 자랑합니다.

대표적인 브랜드로는 텐부天賦, 유키노보샤雪の茅舎, 본梵, 핫카이산八海山, 이소지만磯自慢, 카츠야마勝山, 나베시마鍋島, 스이게이酔鯨, 쥬욘다이十四代 등이 있습니다. 이 중 일부는 일본 현지에서도 구하기 어려운 제

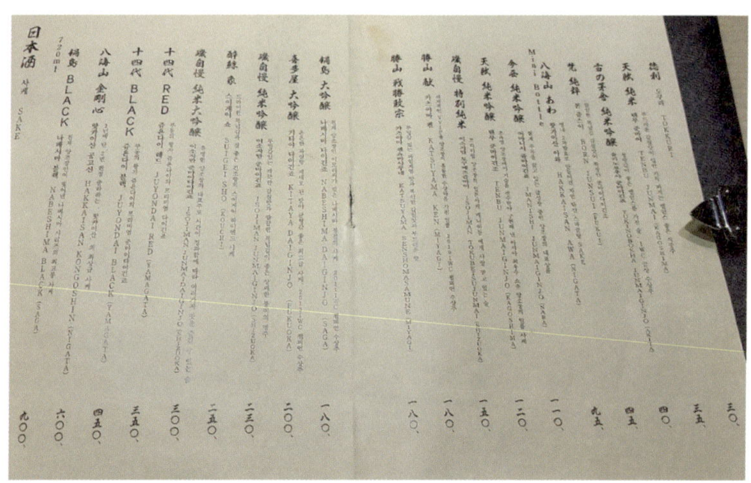

사케 전문 바의 메뉴

품으로, 오히려 한국에서 더 쉽게 만날 수 있습니다. 다만 이러한 고급 사케들은 대체로 높은 가격대를 형성하고 있습니다.

이곳의 사케는 가장 기본적인 제품이라도 일반 일식당의 최고급 사케보다 우수한 품질을 보장합니다. 사케의 진정한 매력을 경험하고 싶다면 단순히 가성비만을 고려하기보다는 이런 전문 사케 바에서 훌륭한 음식과 함께 음미해 보시기를 권해 드립니다.

# 사케는
# 어떻게 주문할까?
## : 이자카야에서의 사케 주문법

한국에서는 "소주 한 병 주세요"라고 하면 몇 가지 대표 브랜드 중 하나를 추천받거나 직접 브랜드명을 지정해 주문하는 것이 일반적입니다. 하지만 일본의 사케 주문 방식은 이와 다릅니다. 사케는 주로 잔 단위로 제공되어 병째 주문이 어렵습니다. 하이볼이나 생맥주와 비슷한 방식이지만, 나름의 특별한 주문 문화가 있어 흥미롭습니다.

### 사케 주문 방식

사케 전문점은 100종 이상의 다양한 제품을 보유하고 있지만, 일반 이자카야는 보통 10여 종의 사케를 업소용 대형 냉장고에 보관합니다. 대부분 1.8*l* 용량의, 소위 '댓병'이라 하는 '잇쇼빙1升瓶'으로 준비되어 있으며, 잔 단위로 제공하기 때문에 손님들이 직접 병째 주문하는 경우는 매우 드뭅니다.

이자카야에 보관되어 있는 사케

브랜드마다의 특징을 기재해 놓은 이자카야 사케

일본에서는 단골집을 고집하는 손님들이 많습니다. 각 가게마다 주문 방식과 규칙이 조금씩 다르기 때문에 자주 가는 익숙한 가게에서 편안하게 음식을 즐기고자 하는 경향이 있습니다. 새로운 가게를 방문하면 메뉴와 규칙에 적응하는 과정이 피곤할 수 있고, 단골이 아닌 손님을 이방인처럼 대하는 분위기를 피하고 싶은 심리도 작용합니다.

일부 사케 전문점에서는 사케를 일정 시간 무제한으로 즐길 수 있는 '사케 노미호다이'를 시행하기도 합니다. 이는 일반적인 노미호다이와 달리 사케만을 집중적으로 맛볼 수 있는 시스템입니다. 가격 면에서는 다소 부담이 될 수 있지만 여러 사케를 경험해 보며 자신의 취향을 발견하고 여행객에게는 일본 여행의 특별한 경험을 만들 수 있는 좋은 기회가 됩니다.

일본 음식점들의 간판이 소박한 것도 이러한 문화와 연관이 있습니다. 단골손님들은 화려한 간판을 보고 찾아오는 것이 아니라 가게의 분위기와 서비스에 익숙해져 자연스럽게 방문합니다. 가게 주인들 역

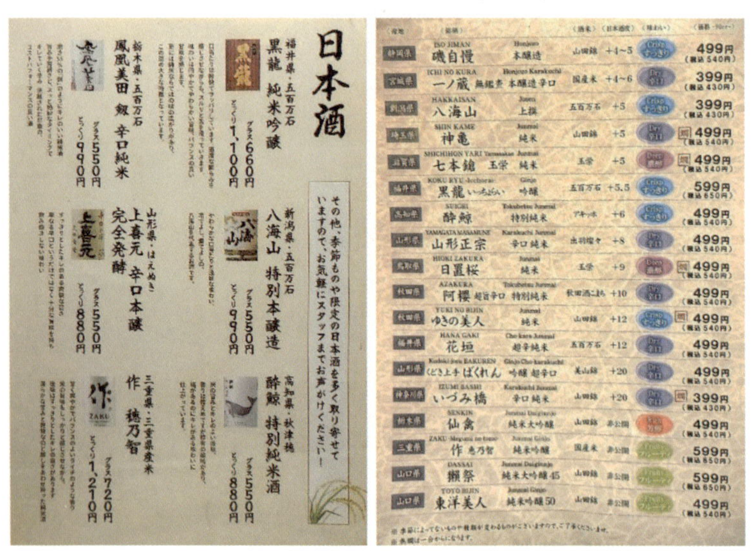

이자카야 사케 메뉴(조금 저렴해 보이지만 자세히 보면 90㎖의 가격입니다.)

시 이런 단골손님들에게 특별한 친절을 베풀고 서비스 요리를 제공하는 등 오랜 인연을 소중히 이어가고자 합니다.

일반 이자카야에서는 특별한 표기가 없는 한, 사케를 180ml의 이치고[1]홉 단위로 제공합니다. 단, 프리미엄 사케 전문점이나 노미호다이(무제한 음용) 시스템을 운영하는 곳에서는 90ml나 60ml 등 다양한 용량으로 제공하므로 메뉴판의 용량 표기를 미리 확인하는 것이 중요합니다. 두 사람이 같은 사케를 함께 즐기고 싶다면 '니고[2]홉용 도쿠리에 오쵸코 2개'를 주문하는 것이 좋습니다. 이렇게 하면 두 사람이 적절한 양을 편하게 나누어 마실 수 있습니다.

인기 있는 사케 브랜드는 대부분 잇쇼빙(1.8l) 단위로 소량만 입고되는 경우가 많습니다. 따라서 주문이 집중될 때 일부 가게에서는 주문한 브랜드가 아닌 저렴한 대체용 사케를 제공하는 경우가 있을 수 있으며, 특히 관광객을 대상으로 이런 일이 발생하기도 해 주의가 필요합니다.

이러한 맥락에서 사케 병의 촬영은 단순한 기념 촬영을 넘어 주문한 사케가 제대로 제공되었는지 확인하는 방법이 될 수 있습니다. 특별한 사케 경험을 남기고 싶다면 사진 촬영 가능 여부를 미리 문의하는 것이 좋습니다. 이는 서비스의 신뢰도를 높이고 더욱 만족스러운 사케 경험을 만드는 데 도움이 될 것입니다.

## 사케를 오래 마시는 방법

사케는 막걸리처럼 양조주이기 때문에 아세트알데하이드 성분이 많이 함유되어 있어 증류주인 소주나 위스키보다 취기가 빨리 올 수 있습니다. 또한 알코올 도수가 상대적으로 낮아 자연스럽게 마시는 양도 늘어나게 됩니다.

아츠칸은 체온과 비슷한 온도로 인해 체내 흡수가 빠르므로 취기가 빨리 느껴지는 반면, 차가운 레이슈는 체온과 같아질 때까지 흡수 속도가 더뎌 잘 취하지 않습니다. 정확히 말하면 아츠칸이 빨리 취하는 것이 아니라, 레이슈가 상대적으로 늦게 취하는 것입니다.

이와 관련해 일본에는 재치 있는 격언이 있습니다.

"아버지의 잔소리와 레이슈는 나중에 온다.親父の意見と冷や酒はあとから効く"

이는 아버지의 충고가 시간이 지나야 그 의미를 이해하게 되듯이, 차가운 사케 역시 뒤늦게 취기가 온다는 의미를 담고 있습니다.

아버지 잔소리라는 '오야지노 코고토'를 써놓은 이와키고토부키

사케를 적은 양만 마실 때는 크게 문제되지 않지만, 오래 마시게 될 경우에는 중간중간 물을 자주 마시는 것이 좋습니다. 이러한 용도로 가게에서 따로 제공하는 물을 일본어로 '야와라기 미즈和らぎ水'라고 하며, 이는 취기를 완화하는 데 효과적입니다.

다른 표현으로는 '체이사チェイサー'라고도 부르며, 일반적인 물을 의미하는 '오미즈お水'나 '오히야お冷'라는 표현도 사용할 수 있습니다. 이러한 용어를 알아두면 보다 즐겁게 사케를 즐길 수 있을 것입니다.

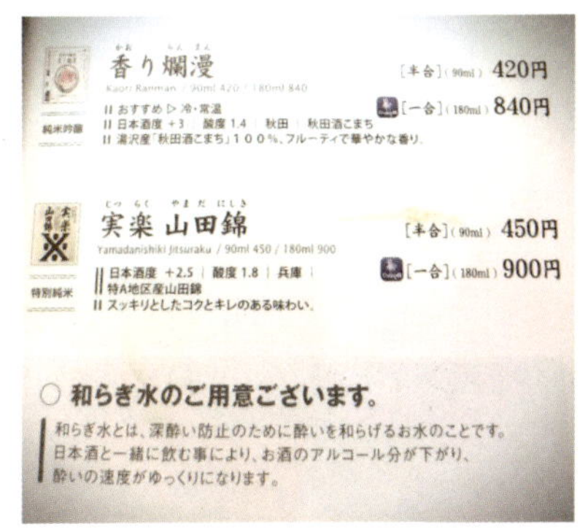

야와라기 미즈가 준비되어 있다는 정보가 기재된 메뉴

## 사케 주문 시 알아두면 좋은 필수 용어

일본어가 익숙하지 않은 경우 사케 바에서 좋은 사케나 유용한 정보를 놓치는 경우가 있어 아쉬울 수 있습니다. 일본 여행을 준비하고 있다면 초급 일본어 정도만 익혀도 많은 도움이 될 것입니다.

일본어를 몰라도 이것만큼은 알아야 하는 지식이자 일본인조차도 혼동하기 쉬운 사케에 관한 기본 지식을 소개해 드립니다. 사케를 추천받을 때 사용할 수 있는 기본적인 일본어 표현이니 특별히 여행 가기 전 꼭 확인하시기 바랍니다.

### 카라구치와 아마구치

카라구치辛口는 일반적으로 카레나 라면에서 매운맛을 뜻하지만, 사케에서는 '달지 않은 맛'을 의미합니다. 대표적인 카라구치로는 야마모토의 '도카라'가 있으며, 드라이하고 깔끔한 맛이 특징으로 단맛이 거의 없습니다. 반면 아마구치甘口는 단맛이 느껴지는 사케를 뜻하며, 세키젠의 '칸쥬쿠바나나'가 대표적입니다.

(좌)카라구치의 대표 사케 야마모토의 도카라,
(우)아마구치의 대표 사케 세키젠의 칸쥬쿠바나나

애주가들은 주로 카라구치를 선호하는 반면, 사케를 처음 접하는 사람들은 과일 향이 나는 긴죠 계열을 선호하는 편입니다. 긴죠는 기본적으로 카라구치에 가깝지만, 은은한 단맛이 감도는 것이 특징입니다. 아마구치는 상대적으로 종류가 적고 호불호가 분명해 식전주나 디저트 와인처럼 특별한 경우가 아니면 잘 추천하지 않습니다.

### 히야와 레이슈

일반적으로 음식점에서 '오히야お冷'는 상온의 물을 의미하는데, 사케에서도 같은 의미로 상온의 사케를 '히야冷や'라고 부릅니다. 일본인들조차도 '오히야'를 얼음 물로 혼동하는 경우가 있어 사케를 주문할 때도 '히야'를 차가운 사케로 혼동하는 경우가 종종 있습니다.

요시노카와의 '히야'와 미야코비진의 '레이슈冷酒'가 대표적인 예시인데, 이자카야에서는 보통 따뜻한 아츠칸과 대비되는 의미로 히야(상온 사케)라는 표현을 사용해 왔습니다. 하지만 이러한 용어상의 혼란을 피하고자 최근에는 '히야'라는 표현 대신, 차가운 사케를 지칭할 때 '레이슈'라는 표현을 더 널리 사용합니다.

일반적으로 레이슈로 마시는 사케는 열처리를 하지 않은 나마자케를 사용하는데, 이는 신선도 유지를 위해 반드시 냉장 보관합니다. 따라서 냉장고에 보관한 사케가 자연스럽게 레이슈가 되는 것입니다.

### 아츠칸

데워서 마시는 사케를 아츠칸이라고 생각하는 경우가 많지만, 정확히 말하면 데운 사케를 '칸' 또는 '칸자케'라고 하며, 아츠칸은 그중 특정 온도대를 가리키는 용어입니다. 특별한 요청이 없다면 이자카야에서는 주로 주인의 판단에 따라 칸의 온도를 결정합니다.

대부분의 이자카야에서 데운 사케가 50℃ 정도의 아츠칸으로 제공되다 보니, 아츠칸이 데운 사케의 대표적인 호칭이 된 것으로 보입니다.


번역과 통역 앱이 발달한 요즘, 메뉴판을 카메라로 찍기만 해도 번역이 되는 편리한 시대가 되었습니다. 그러나 사케에 대한 기본적인 이해 없이 단순 번역만으로는 메뉴의 진정한 의미를 파악하기 어렵습니다. 사케를 더욱 깊이 있게 즐기고 싶다면 기본적인 지식을 갖추는 것이 그 경험을 한층 풍성하게 만들어 줄 것입니다.

'사케를 즐기는데 굳이 공부가 필요할까?'라는 생각이 들 수 있지만, 사케 지식은 시험 공부처럼 진지하게 할 필요가 없습니다. 가벼운 마음으로 잡지를 읽듯 알아가다 보면 사케의 새로운 매력을 발견하게 될 것입니다. 다른 이들이 미처 알지 못하는 점을 알고 있다는 것이야말로 진정한 전문성을 키우고 자신만의 취향을 살리는 길이 될 것입니다.

이제 사케 주문하러 떠나 볼까요?

아츠칸 / 출처: mottox

# 사진도 없고 읽을 수도 없을 때
# 안주시키는 방법
## : 이자카야 기본 필수 안주

한국인은 빠르게 변화하는 트렌드와 문화에 유연하게 적응하는 성향을 가지고 있습니다. 반면 일본인은 뛰어난 장인 정신과 성실함이 돋보이지만, 새로운 문화와 시대 변화를 받아들이는 속도는 비교적 더딘 것으로 알려져 있습니다.

AI와 로봇이 일상화된 현대에도 일본은 여전히 아날로그 방식을 고수하는 모습을 보입니다. 한국에서는 이제 키오스크나 단말기 주문이 일반적이지만, 일본은 아직도 종이 주문서와 현금 결제가 흔합니다. 도장 문화가 시대에 맞지 않다는 비판을 받자 도장을 없애는 대신 도장을 찍어 주는 기계를 만드는가 하면, 코로나 시기에도 비대면 디지털 메뉴가 아니라 주문을 손으로 적어 먼발치에서 전달하는 식의 다소 의아한 방법으로 접촉을 줄이기도 했습니다.

한국은 이제 외국 방문객들의 편의를 위해 메뉴에 음식 사진을 제공하는 것이 기본이 되었는데, 일본의 경우 아직도 메뉴 사진 없이 글자로만 된 메뉴판을 제공하는 경우가 많다 보니 일본어를 모르면 안주 선택이 어려운 경우가 종종 있습니다. 이러한 상황에 대비할 수 있는 이자카야의 기본 안주 메뉴들을 알아보도록 하겠습니다.

## 메뉴판에 자주 등장하는 중요 단어들

메뉴판을 더 쉽게 이해하기 위해 자주 등장하는 중요한 단어들을 먼저 살펴보겠습니다.

- **아게揚げ**: 튀김

- **사라다サラダ**: 샐러드

- **아에和え**: 무침

- **이타메炒め**: 볶음

- **모리盛リ**: 모둠

- **동丼**: 덮밥

- **데이쇼쿠定食**: 정식

- **나마生**: 생

이러한 기본 단어들만 익혀두어도 이자카야 메뉴판을 이해하는 데 큰 도움이 됩니다. 요즘은 번역 앱이 잘 되어 있어 일본어를 몰라도 주문이 가능하지만, 이런 기본 용어들을 알고 있으면 번역 없이도 더욱 수월하게 주문할 수 있습니다.

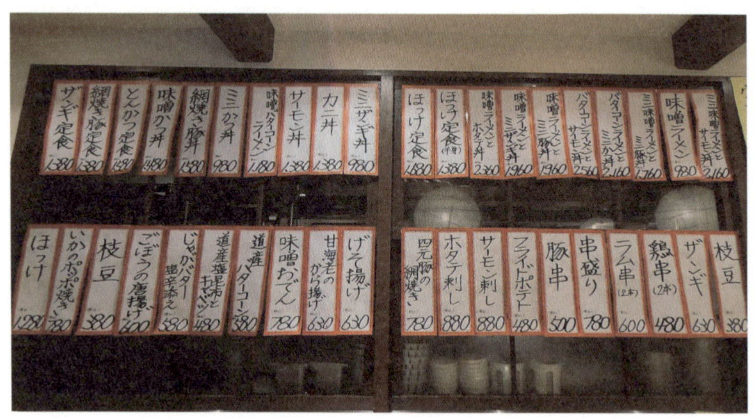

이자카야에 가면 가장 흔히 볼 수 있는 벽에 걸린 메뉴

## 이자카야의 대표 안주 3선

이자카야의 대표적인 안주로는 신선한 사시미(생선회), 바삭하게 튀긴 카라아게(닭튀김), 담백한 에다마메(풋콩), 알싸한 타코와사비(생문어를 고추냉이에 버무린 요리), 고소한 아게다시도후(튀긴 두부) 등이 있습니다. 이러한 메뉴들은 일본의 고유한 맛을 느낄 수 있는 기본 안주이며, 일본어 메뉴판이 낯설더라도 간단한 단어만 알면 쉽게 주문할 수 있습니다. 디지털화가 더딜 수 있지만, 이런 소박하고 전통적인



CHAPTER 02
**사케 주문 전 알아야 할 필수 지식**

시마네현과 돗토리현의 향토 요리 전문 이자카야

방식이야말로 일본 이자카야만의 독특한 매력을 더욱 빛나게 만드는 요소라고 할 수 있습니다.

　일부 기업형 체인 이자카야는 디지털 시스템을 도입해 비교적 메뉴 선택이 쉬운 곳도 있습니다. 다만, 이러한 체인점에서는 대체로 맥주와 하이볼 위주의 제한된 주류를 제공해 사케를 즐기려고 하는 사람들에게는 실망스러울 수도 있습니다. 반면 다양한 사케를 갖춘 작은 이자카야들은 일본어로만 된 메뉴판을 사용하기 때문에 주문이 쉽지 않을 수 있습니다. 일본을 찾는 외국인 관광객이 매년 2,000만 명을 넘어서는데도 이자카야들의 제한적인 접근성은 늘 아쉬움으로 남습니다.

사케와 마리아주가 좋은 시샤모

한국에서는 흔히 일본식 안주를 '츠마미'라고 부르지만, 실제로 '츠마미'는 손이나 젓가락으로 쉽게 집어먹을 수 있는 간단한 음식을 뜻합니다. 에다마메(풋콩), 에이히레(가오리 지느러미), 쓰루메(말린 오징어) 등이 대표적인 예시입니다. 한편 우리가 알고 있는 '안주'에 더 가까운 일본어는 '료리料理'나 '사카나肴'인데, 여기서 '사카나'는 물고기가 아닌 술과 함께 즐기는 다양한 요리를 의미합니다.

이제부터 일본 현지 이자카야의 분위기를 생생하게 전달하기 위해 한국어 번역 대신 일본어 원어 발음을 그대로 사용하겠습니다.

다음의 기본 안주 세 가지는 사케와 환상적인 조화를 이루는 메뉴입니다. 이 안주들은 사케는 물론 맥주와도 잘 어울려 사케 애호가들이



CHAPTER 02
사케 주문 전 알아야 할 필수 지식

맥주로 입맛을 돋운 뒤 사케를 즐길 때도 자주 찾는 메뉴들입니다.

## 에다마메

이자카야의 대표적인 기본 안주인 에다마메枝豆는 특히 맥주와 찰떡 궁합으로 큰 인기를 얻고 있습니다. 저렴한 가격에 즉시 서빙되는 편리함도 매력적입니다. 한자로는 '가지 콩'으로 해석될 수 있으나, 실제로는 수확 전 덜 익은 풋콩을 의미합니다.

에다마메는 소금을 뿌리거나 소금물에 삶아 내어 은은한 짭짤함이 특징입니다. 껍질째 나오지만 속의 콩만 꺼내 먹는 것이 일반적인 섭취 방법입니다.

## 츠케모노

츠케모노つけもの는 일본의 전통 절임 요리로, 소금에 절여져 있어 오랫동안 보관이 가능합니다. 특히 야채를 연하게 절인 '오신코お新香'는 거의 모든 이자카야에서 만날 수 있는 대중적인 안주입니다. 오신코는 김치가 생각날 때 훌륭한 대안이 될 수 있습니다. 특히 달콤한 맛이 강한 일본식 김치가 입맛에 맞지 않을 때 아삭한 식감과 담백한 맛으로 부담 없이 즐길 수 있습니다.

츠케모노 종류 중에는 '호타루이카 오키츠케(오징어젓갈)'나 '멘타이코(명란젓)'처럼 독특한 이름의 메뉴들도 있습니다. 생소하지만 사케와 잘 어우러지니, 다양한 츠케모노를 시도해 보는 것을 추천합니다.

## 에이히레

한국의 대표적인 맥주 안주인 쥐포는 일본 이자카야에서 찾아보기 힘들지만, 비슷한 맛과 식감을 가진 에이히레エイヒレ가 인기 안주로 사랑받고 있습니다. 가오리(에이)의 지느러미(히레)를 말린 뒤 구워 만든 이 요리는 쫄깃한 식감과 깊은 감칠맛이 특징으로, 맥주와 사케 모두와 잘 어울립니다.

에이히레는 주로 시치미(일곱 가지 향신료를 혼합한 일본 전통 조미료)를 넣은 마요네즈와 함께 즐깁니다. 고소하면서도 은은한 매콤함이 더해진 이 조합은 에이히레의 맛을 한층 살려 주며, 사케의 풍미도 더욱 돋보이게 해 줍니다.

## 이자카야 체인점 메뉴의 안주

다음 메뉴판에는 사진이 포함되어 있어 안주 선택이 수월합니다. 다만, 이처럼 코팅된 사진 메뉴판이 있는 곳은 주로 캐주얼한 분위기의 이자카야인 경우가 많아 정통 사케를 즐기기보다는 가벼운 맥주나 하이볼 등이 더 잘 어울립니다.

'테이반定番'은 그 가게에서 항상 맛볼 수 있는 기본 메뉴를 가리키며, 계절과 관계없이 언제든 주문 가능한 요리들입니다.

- **닝키人気**: 인기 메뉴

- **메이부츠名物**: 명물 요리

- <u>오스스메オススメ</u>: 추천 메뉴

이자카야 체인점 메뉴판 예

이제 소개하는 메뉴들은 대부분의 이자카야에서 찾아볼 수 있는 대표적인 메뉴들입니다. 한자가 낯설게 느껴질 수 있지만, 이자카야에서 자주 사용되는 기본적인 한자만 알아둬도 더욱 즐겁고 풍성한 술자리를 즐길 수 있습니다.

### 히야시토마토

'히야시'는 차갑다는 의미로, 히야시토마토冷やしトマト는 차갑게 제공되는 토마토 요리를 말합니다.

### 큐리잇본츠케

'큐리'는 오이, '잇본'은 기다란 물건 한 개를 말하며, '츠케'는 절임을 뜻합니다. 따라서 큐리잇본츠케胡瓜一本漬け는 오이 한 개를 통째로 절인 요리입니다.

### 타타키큐리

'타타키'는 두들기는 것을 의미하며, 타타키큐리たたき胡瓜는 오이를 두들겨 만든 요리입니다.

### 타코부츠

'타코'는 문어, '부츠'는 큼직하게 썬 모양을 말해 타코부츠タコブツ는 주로 생문어를 큼직하게 썰어 낸 요리입니다.

### 네기이리타마고야키

'네기'는 파, '이리'는 '넣은'이라는 의미이고, '타마고'는 계란, '야키'는 구이를 의미해 네기이리타마고야키ねぎ入り玉子焼き는 파를 넣어 만든 계란말이 요리입니다.

### 아라비키소시지

'아라비키'는 고기를 거칠게 다졌다는 뜻으로, 아라비키소시지粗挽きソーセージ는 거칠게 다진 고기로 만든 소시지입니다.

### 나가이모야키

'나가이모'는 참마, '야키'는 구이를 뜻하므로, 나가이모야키長いも焼き는 구운 참마 요리입니다. 참고로 '이모'는 고구마(사츠마이모), 감자(쟈가이모), 토란(사토이모) 등을 통칭하는 말입니다.

### 메다마야키

'메다마'는 눈알이라는 뜻으로, 메다마야키目玉焼き는 노른자가 눈알처럼 터지지 않은 계란 프라이를 말합니다. 노른자가 그대로 유지된 모습이 눈알처럼 보여 붙여진 이름입니다.

### 이카야키

'이카'는 오징어, '야키'는 구이라는 뜻으로, 이카야키イカ焼き는 오징

어 구이입니다. 메뉴판에 '하프ハーフ'라고 표시되어 있으면 절반 분량
으로 제공됩니다.

(좌)큐리잇본츠케, (우)아라비키 소시지

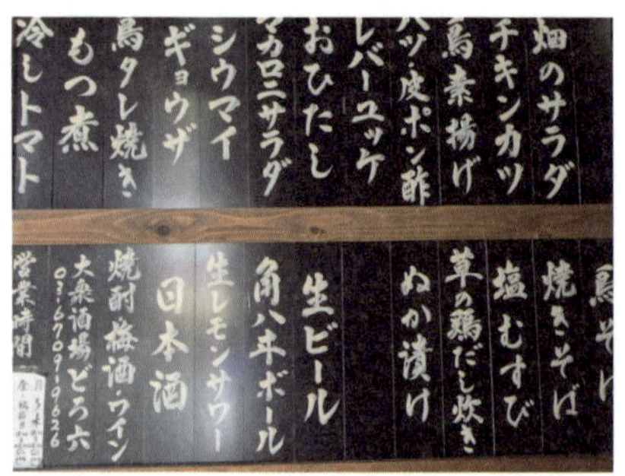

그림도 없고 손글씨라 알아 보기 힘든 메뉴판

## 모츠니

'모츠'는 후쿠오카 지역에서 주로 쓰이는 말로, 소고기나 돼지고기의
내장을 가리킵니다. '니煮'는 조린다는 의미로 모츠니もつ煮는 내장 조림
을, 모츠나베는 곱창 전골을 뜻합니다.

 CHAPTER 02
**사케 주문 전 알아야 할 필수 지식**

## 토리타레야키

'토리'는 닭고기, '타레'는 소스, '야키'는 구이를 의미합니다. 일반적으로 '야키토리'는 소금 맛(시오)과 소스 맛(타레)으로 나뉘는데, 토리타레야키鳥タレ焼き라고 쓰여 있다면 꼬치 구이가 아닐 수도 있다는 점을 참고하시기 바랍니다.

## 교자/시우마이

세부적인 차이는 있지만, 간단히 설명하면 교자餃子는 군만두, 시우마이シウマイ는 찐만두라고 생각하면 됩니다.

## 레바육케

'레바'는 간, '육케'는 한국의 '육회'를 일본식으로 표현한 것입니다. 레바육케レバーユッケ는 간으로 만든 육회지만, 대개 메뉴판에는 어떤 동물의 간인지 구체적으로 표시되어 있지 않습니다.

## 치킨카츠

치킨카츠チキンカツ는 돼지고기로 만드는 돈카츠와 달리, 닭고기를 얇게 펴서 만든 커틀릿입니다.

## 카라아게

카라아게唐揚げ는 일반 튀김과 달리 두꺼운 튀김옷을 입히지 않고 얇

게 가루만 묻혀 튀기는 요리로, 주로 닭고기를 사용합니다.

(좌)교자, (우)시우마이

벽에 그림과 함께 큰 글씨로 써놓은 친절한 메뉴

## 이부리각코

이부리각코いぶりがっこ는 아키타현의 특산물로, 말린 무를 훈제하여 만든 독특한 안주입니다. 아삭한 식감과 은은한 훈제 향이 특징이며, 크림치즈나 감자 샐러드와 함께 먹으면 감칠맛이 더해져 사케와 특히

잘 어울립니다. 쉽게 말해 훈제 단무지라고 생각하시면 되며, 대부분의 이자카야에서 쉽게 찾아볼 수 있는 인기 메뉴입니다.

이부리각코와 이를 활용한 요리

## 사바분카보시

'사바'는 고등어를, '보시'는 건조를 의미하는데, 그중에서도 '분카보시'는 냉풍으로 정성스럽게 건조하는 특별한 방식입니다. 이렇게 만든 사바분카보시サバ文化干し는 고급스러운 반건조 고등어 요리라고 볼 수 있습니다.

# 반드시 알아야 할
# 사케 음주 문화
## : 이자카야에서의 매너와 상식

혼자서 편하게 즐기는 '혼술'이라면 특별한 매너나 상식을 알 필요는 없습니다. 그저 자신에게 맞는 방식으로 자유롭게 마시면 그만입니다. 하지만 이자카야와 같은 일본식 주점에서 사케를 즐길 때는 기본적인 매너와 상식을 알고 있으면 사케의 진정한 맛을 더 깊이 음미할 수 있습니다.

한국의 이자카야는 의사소통이 쉽고 한일 음주 문화가 혼합되어 있어 모르는 것이 있다면 직원에게 편하게 물어볼 수 있습니다. 하지만 일본 현지라면 이야기가 조금 달라집니다. 사케는 일본 현지에서도 젊은 세대가 자주 즐기는 술이 아니어서 최근 젊은 일본인들도 이자카야에서의 매너와 상식을 잘 모르는 경우가 많습니다. 오히려 이 책으로 공부한 여러분이 일본 현지인보다 사케에 대해 더 깊이 있는 지식을 가질 수도 있습니다.

　일본 이자카야에서 사케를 제대로 즐기기 위해 꼭 알아두면 좋을 매너와 상식들을 알려드리겠습니다.

홋카이도와 도쿄의 이자카야 전경

오토오시お通し는 이자카야에서 꼭 알아두어야 할 기본 상식 중 하나입니다. 일본을 찾는 한국인뿐 아니라 다른 외국인 관광객들도 오토오시로 인해 불편을 겪는 경우가 많습니다. 이러한 문제를 줄이고자 일본 정부에서는 오토오시 문화를 설명하는 안내서를 만들고 영상까지 제작할 정도이며, 흥미롭게도 일본인들 사이에서도 오토오시에 대한 불만이 적지 않습니다.

제가 20여년 전 처음 일본에 갔을 때의 일입니다. 메뉴판의 가격을 꼼꼼히 확인하고 주문했는데도 예상보다 높은 금액이 청구되어 당황했습니다. 귀가할 차비만 남기고 계산하려 했던 상황에서 오토오시 비용이 추가되어 차비가 모자라게 된 것입니다. 이처럼 예상치 못한 추가 요금이 발생하는 것이 바로 오토오시 때문이었습니다.

일본의 이자카야에서는 본격적인 요리를 주문하기 전에 먼저 마실 것을 주문하는 것이 일반적입니다. 손님이 자리에 앉아 메뉴를 둘러보는 중에도 접객이 시작되기 때문에 대부분 "토리아에즈 비루(일단 맥주)"라는 표현으로 첫 주문을 합니다. 이는 일본에서 흔히 쓰이는 관용구로, 맥주를 마시며 여유롭게 메뉴를 살펴보고 가게의 분위기를 파악하는 시간을 갖는 것입니다.

이때 안주를 주문하지 않았는데도 작은 종지에 담긴 간단한 안주가 제공되는데, 이것이 바로 '오토오시'입니다. 주문하지 않은 음식이 나

자릿세나 입장료 개념의 유료 오토오시

오다 보니 외국인들은 무료 서비스로 오해하기 쉽지만, 실제로는 계산서에 비용이 포함되어 있어 종종 문제가 되곤 합니다. 최근에는 이러한 오해를 막고자 메뉴판에 오토오시 요금이 추가된다는 점을 명시하는 가게들이 늘고 있습니다. 오토오시는 자릿세나 입장료의 개념으로 이해하면 됩니다.

## 오해를 부르는 오토오시는 왜 생겼을까

오토오시의 기원은 옛 일본 이자카야의 모습에서 찾을 수 있습니다. 지금처럼 시내에 체인점이 많고 역 근처에 대형 이자카야가 있는 것과 달리, 수십 년 전만 해도 이자카야는 흔치 않았고 메뉴판도 없는 경우가 많았습니다. 대부분의 가게는 어떤 요리를 하는지 알 수 없는 상태로 운영되었습니다.

이러한 상황에서 손님들은 가게에 들어가서야 주력 요리와 가격대, 주인의 요리 스타일을 파악할 수 있었습니다. 그래서 가게에서는 '저희 가게는 이런 맛과 스타일입니다'라는 인사말처럼 간단한 요리를 제공하기 시작했고, 이것이 오토오시의 시작이 되었습니다.

현재에도 이자카야가 오토오시 제도를 유지하는 것은 일종의 자릿세 개념 때문입니다. 요리는 적게 주문하고 오래 머무는 손님들이 늘어나면서 가게들은 기본 매출을 보장받기 위해 이 제도를 계속 유지하고 있습니다.

본래 손님을 환대하는 의미였던 오토오시가 오늘날에는 손님의 의사와 무관하게 의무적으로 청구되는 항목이 되면서 상술로 오해를 받는 경우가 많아졌습니다. 특히 대형 이자카야나 역 앞 가게들이 무를 갈아 간장만 뿌린 정도의 성의 없는 오토오시를 내면서 비용을 청구하는 경우가 있어 손님들의 불만을 사기도 합니다. 한국은 돈을 내더라도 푸짐하게 요리를 주문하는 문화에 익숙하기 때문에 성의가 부족해 보이는 오토오시에 추가 요금을 내야 하는 것이 불편하게 느껴질 수 있습니다.


오토오시와 비슷한 용어로는 '츠키다시突き出し'와 '사키즈케先付け'가 있습니다. 츠키다시는 오토오시와 거의 같은 의미지만 주로 오사카 지

카이세키 요리에서 가장 먼저 나오는 요리인 사키즈케

역에서 쓰이며, '쑥 내민다'는 뜻으로 주문과 무관하게 제공되는 기본 안주를 뜻합니다. 반면 오토오시는 음료 주문 후에 나오는 기본 안주라는 점이 다릅니다. 사키즈케는 카이세키 요리와 같은 코스 요리의 첫 번째 전채 요리를 의미하며, 손님을 맞이하는 시작 요리로서의 의미가 강합니다.

## 한국과 다른 사케 음주 예절

일본에서 사케를 마실 때 반드시 알아야 할 기본 예절 몇 가지를 알려드리겠습니다. 특히 비즈니스 모임이나 친목 자리에서 꼭 알아야 할 내용입니다.

첫째, 상대방의 술잔 관리가 중요합니다.

가장 기본이 되는 것은 상대의 잔이 비기 전에 미리 채워 주는 것입니다. 만약 잔이 완전히 비워질 때까지 방치한다면 이는 상대방을 배려하지 않는 것으로 여겨져 실례가 될 수 있습니다.

이러한 배려는 일본에서 '원샷' 문화가 발달하지 않은 배경이 되었습니다. 통상적으로 잔의 술이 3분의 1 정도 남았을 때 첨잔을 권하는 것이 적절한 타이밍입니다.

둘째, 상사나 연장자에게 술을 따를 때는 도쿠리를 오른손으로 잡고 왼손으로 받치는 것이 예의 바른 자세입니다.

특히 상대방이 오른쪽에 있을 때는 손목을 꺾어 따르는 것을 삼가야 합니다. 윗사람이 술을 따라줄 때는 잔을 공손히 들어 한 모금 마신 후 내려놓는 것이 기본 예절입니다. 이때 잔을 완전히 비울 필요는 없으며, 반드시 오른손으로 잔을 들고 왼손으로 받치는 두 손 자세를 유지해야 합니다.

이치고를 주문하면 대부분 잔에 술이 넘치도록 준다.

셋째, 도쿠리를 들여다보거나 흔들어서 잔량을 확인하지 않습니다.

도쿠리에 술이 얼마나 남았는지 궁금하더라도 들여다보거나 흔들어

서 확인하는 행동은 삼가야 합니다. 특히 아츠칸의 경우에는 술을 식

게 만들 뿐만 아니라 뜨거운 술이 튀어 상대방이 위험할 수 있습니다.

넷째, 도쿠리의 남은 술을 한곳에 모으지 않습니다.

회식 자리에서 여러 도쿠리에 남아 있는 술을 한곳에 모으는 것은 피해야 할 행동입니다. 또한 상대방의 빈 잔에 술을 따를 때는 반드시 잔을 들어서 따라야 하며, 잔이 넘치지 않도록 적당량을 따르는 것이 예의입니다.

다섯째, 술을 강요하지 않습니다.

무엇보다 중요한 것은 술을 잘 마시지 못하는 사람에게 강요하지 않는 것입니다. 이는 사케뿐만 아니라 모든 음주 자리에서 지켜야 할 기본 예절이므로 각별히 유의해야 합니다.

도쿠리와 유리잔

 CHAPTER 02
**사케 주문 전 알아야 할 필수 지식**

## 술을 무제한으로 즐길 수 있는 노미호다이

일본 이자카야에서 매력적인 서비스 중 하나는 '노미호다이飲み放題' 입니다. 이는 일정 금액을 지불하면 두 시간 동안 술을 무제한으로 즐길 수 있는 시스템입니다. 프리미엄 주류는 제외되지만, 하이볼, 레몬 사와, 맥주, 일반 사케 등 기본적인 주류를 1인당 약 2,000엔에 마음껏 즐길 수 있습니다.

이 시스템은 특히 대중적인 이자카야에서 쉽게 찾아볼 수 있으며, 세 잔만 마셔도 가격 대비 이득이라 한국의 젊은 관광객들 사이에서도 큰 인기를 끌고 있습니다.

지금까지 살펴본 이자카야에서의 매너와 상식을 정리해 보겠습니다. 이자카야에 입장하면 우선 "토리아에즈 비루"라고 외치며 시원한 맥주를 주문하는 것으로 시작합니다. 이어서 오토오시라 불리는 기본 안주가 제공됩니다. 번역 앱을 활용해 메뉴를 확인하고 원하는 요리를 주문하되, 라스트 오더 시간을 준수하고 적절한 음주량을 유지하며 즐기면 됩니다.

글만 읽어도 술이 거나하게 취한 것 같지 않으십니까?

PART
02
사케 마스터 클래스
꼭 맛봐야 할 사케 셀렉션

일본 여행은 가까운 거리와 최근의 저렴한 환율, 그리고 뛰어난 치안 덕분에 몇 번을 가도 설렘과 기대를 안겨 줍니다. 그러나 대도시의 익숙함이 식상하고, 소도시의 조용함이 심심하게 느껴지신다면, 새로운 테마로 일본을 탐색해 보는 건 어떨까요?

일본은 근대화가 빠르게 이루어진 만큼 각 산업과 문화의 뿌리가 깊고, 그 내공 또한 대단합니다. 사케 역시 그 깊이와 매력이 와인에 견줄 만큼 방대합니다. 사케를 테마로 한 여행만으로도 충분히 알찬 일정을 계획할 수 있습니다. 와이너리를 방문하듯 사케 양조장을 둘러보며 그 역사와 문화, 창업 이념까지 체험하다 보면 어느새 시간이 훌쩍 지나갈 것입니다.

그리고 하루를 마무리하며, 다소 피곤해진 몸과 마음을 사케 한 잔으로 달래 보는 건 어떨까요? 사케와 함께라면 일본 여행은 더욱 특별해질 것입니다.

# 이제 사케 마시러 일본으로
## : 일본 현지에서 만나는 사케

# 나다고고로
# GO GO!
## : 고베 나다

일본에는 사케로 유명한 세 지역이 있습니다. 바로 교토의 후시미, 히로시마의 사이죠, 그리고 고베의 나다입니다.

나다는 한자로 '灘(탄)'이라 씁니다. 한국에서 익숙한 '현해탄玄海灘'은 일본에서는 잘못된 표현이며, '현계탄玄界灘' 또는 '현해玄海'가 올바른 표현입니다. '탄'이란 용어는 거친 파도와 빠른 해류로 인해 항해가 위험한 해역을 의미합니다. 또한 연안의 수역이나 항해 수면을 지칭할 때 사용되기도 합니다. '나다'도 본래 특정 해역을 가리키는 명사입니다. 하지만 일본에서는 주로 사케 생산지로 유명한 고베의 해안가 지역을 의미합니다. 특히 이 지역에는 사케를 만드는 다섯 개 마을이 있어 '나다고고灘五郷'라 부릅니다. 이곳은 일본 최고의 사케 산지로 명성이 높습니다. 이들 다섯 마을은 니시고, 미카게고, 우오자키고, 이마즈

나다고고 안내지

고, 니시노미야고입니다. 이 중 니시고, 미카게고, 우오자키고는 현재 고베시에 속해 있으며, 이마즈고와 니시노미야고는 고베시 동쪽의 니시노미야시에 위치해 있습니다.


## 나다의 사케가 유명한 이유

나다 사케가 유명해진 데에는 세 가지 주요 요인이 있습니다.


첫째, 최고급 양조용 쌀입니다.

일본의 주조호적미酒造好適米 품종이 100종이 넘지만, 그중 '주조호적미의 왕'으로 불리는 '야마다니시키'가 고베가 있는 효고현에서 탄생했습니다. 현재는 전국에서 재배되나, 여전히 효고현산이 최고로 인정받으며, 특히 특 A 지구 생산품이 최상급으로 평가됩니다. 나다의 양조장들은 대부분 이 야마다니시키를 사용해 자연스레 품질 우위를 확보했습니다. 실제로 이 쌀로 만든 사케는 브랜드 이름보다 야마다니시키라는 이름을 더 크게 표기할 정도로 명성이 높습니다.

둘째, 뛰어난 양조장인, 즉 토지입니다.

일본의 3대 토지杜氏는 이와테의 남부 토지, 니가타의 에치고 토지, 나다의 탄바 토지입니다. 특히 탄바 토지의 양조법은 미네랄이 풍부한 경수에 최적화되어 있습니다. 나다의 물도 미네랄 함량이 높아 강한 풍미를 자랑하는데, 이런 특징 때문에 '남성적인 술'이라는 뜻의 오토코자케男酒로 불립니다.

셋째, 뛰어난 수질입니다.

이는 나다 사케의 명성을 결정짓는 요소 중 하나로 평가받습니다. 고베 롯코산에서 흘러내려 오는 미야미즈宮水 발견으로 인기가 한층 높아졌습니다. 마사무네(정종)의 원조로 알려진 사쿠라마사무네의 여섯 번째 당주였던 야마무라 타자에몬이 발견한 이 물은 인산, 칼륨, 칼슘 등 미네랄이 풍부해 발효 과정에서 효소의 작용을 촉진하고 사케의 품질을 높이는 역할을 합니다. 현재도 이 미야미즈가 흐르는 우물가에는 그 가치를 기리는 비석이 세워져 있습니다.

이처럼 나다가 일본 최고의 사케 산지로 성장할 수 있었던 데는 앞서 언급한 쌀, 물, 기술(자)을 모두 갖춘 덕분입니다. 쌀, 물이 재료로써

도 우수했지만, 주조용 쌀을 재배하는 논이 가까이 있어 원료 조달이 쉬웠고, 고베항과 인접해 해상 운송이 편리했습니다. 가장 중요한 것은 롯코산의 급류를 이용한 물레방아였습니다. 전기가 보편화되기 이전 시대에 이 물레방아는 대규모 생산 체제를 가능하게 했으며, 특히 정미 과정의 효율성을 크게 높였습니다. 이러한 이점들 덕분에 에도 시대에는 도쿄로 유통되는 사케의 80%를 나다가 차지할 만큼 그 위상이 대단했습니다.

## 나다고고의 마을별 사케

효고현 고베시는 일본 최대의 사케 생산지로 손꼽힙니다. 하지만 나다 사케의 품질에 대해서는 재고해 볼 여지가 있습니다. 현재 일본의 슈퍼마켓이나 편의점에서 흔히 볼 수 있는 종이팩 사케와 원 컵 사케의 대부분이 나다 지역에서 생산되고 있기 때문입니다. 나다의 대량 생산 체제는 사케의 대중화에 크게 기여했지만, 동시에 사케의 고급 이미지와 가치를 다소 훼손했다고도 볼 수 있습니다.

나다고고의 사케를 마을별로 간단히 소개하겠습니다.

## 니시고

니시고에는 현재 '사와노츠루' 양조장만이 명맥을 이어오고 있습니

니시고 사와노츠루

다. 1717년에 설립된 사와노츠루는 본래 쌀 판매업을 하다가 부업으로 양조를 시작했습니다. 이러한 역사는 그들의 로고에도 반영되어 있는데, 쌀을 뜻하는 한자 '米(미)'를 디자인적으로 표현한 것이 특징입니다.

## 미카게고

미카게고에는 여러 유명 양조장이 밀집해 있으며, 그중에서도 일본 최대 생산량을 자랑하는 하쿠츠루가 대표적입니다.

- **하쿠츠루:** 1743년에 창업한 양조장으로, 하루 잇쇼빙을 28만 병, 연간 약 5,000만 병에 달하는 사케를 생산하며 전국 1위를 지키고 있습니다.

- **키쿠마사무네:** 1659년에 설립된 키쿠마사무네는 2016년, 130년 만에 프리미엄 사케 햐쿠모쿠를 출시해 화제를 모았습니다.

- **켄비시:** 1505년에 설립된 전통 양조장으로, 일본에서는 사케를 마시지 않는 사람들조차 이름을 알 정도로 유명합니다. 오토코야마, 나나츠우메와 더불어 일본의 3대 전통 브랜드로 꼽힙니다.

- **후쿠쥬:** 1751년에 창업했으며, 얼려서 유통되는 동결주가 유명합니다. 2008년에 노벨상 공식 만찬주로 선정되어 그 위상을 인정받았습니다.

## 우오자키고

우오자키고에는 총 네 개의 양조장이 있으며, 그중 정종正宗의 원조로 알려진 사쿠라마사무네가 특히 유명합니다.

- **사쿠라마사무네:** 1625년에 설립된 사쿠라마사무네는 일본 사케의 역사를 대표하는 브랜드입니다. 1884년 상표등록법 시행 당시 자신의 브랜드 '마사무네'라는 명칭이 사케 브랜드의 대명사가 되어 상표 등록이 불가능했다는 일화로도 잘 알려져 있습니다.
- **쇼치쿠바이:** 1842년 교토 후시미에서 출발했으며, 1933년 나다에 공장을 설립하면서 쇼치쿠바이 브랜드의 사케를 생산하기 시작했습니다.

## 이마즈고

이마즈고에는 두 곳의 양조장이 있는데, 그중 '오제키'가 전국적으로 유명한 브랜드입니다. 오제키는 1711년에 설립된 양조장으로, 원 컵 사케의 원조이자 대표적인 브랜드로 인정받고 있습니다.

## 니시노미야고

코시엔 야구장으로 유명한 니시노미야고에는 여러 양조장이 위치해 있습니다.

- **니혼사카리:** 1889년에 설립된 대형 양조장으로, 사케 제조 기술을 바탕

으로 쌀겨를 활용한 건강식품과 화장품 분야로까지 사업을 확장한 혁신적인 기업입니다.

- **하쿠타카:** 1862년에 설립되었으며, 이세 신궁에 봉납되는 사케로 유명하고 한신 타이거즈 프로야구팀의 공식 사케로도 알려져 있습니다.

- **하쿠시카:** 1662년에 설립된 양조장으로, 하쿠타카와 같은 뿌리를 가진 곳입니다. 2차 세계대전 이전에는 토지 개발, 금융업, 해운업 등 다양한 분야에 진출했던 전통 있는 재벌 기업이었습니다.


이와 같이 역사 깊은 대형 양조장들이 밀집한 나다고고는 대부분의 양조장에 박물관과 견학 시설이 잘 갖추어져 있어, 사케에 관심 있는

사람들은 한 번쯤 방문할 만한 가치가 있는 곳입니다. 다만, 나다의 사케가 최근 트렌드와는 다소 거리가 있어 구매를 적극 추천하기는 어렵지만 사케 관련 기념품이나 자료를 둘러보기에는 훌륭한 장소입니다.

모든 양조장을 한꺼번에 방문하면 시간과 체력이 많이 소모될 수 있으니, 동선을 고려해 하루에 한두 곳 정도만 견학해 보면 좋은 경험이 될 것입니다.

## 나나고고 기본 이동 코스

다음은 나다고고를 쉽게 둘러볼 수 있는 기본 이동 코스입니다.

- 한신오이시阪神大石駅 역 하차

  🚶 도보 10분: 사와노츠루 자료관

  🌐 http://www.sawanotsuru.co.jp/siryokan/

- 한신스미요시阪神住吉 역 하차

  🚶 도보 7분: 하쿠츠루주조 자료관

  [URL] http://www.hakutsuru.co.jp/community/shiryo/index.shtml

  🚶 도보 8분: 키쿠마사무네주조 기념관

  🌐 http://www.kikumasamune.co.jp/kinenkan/

- 한신니시노미야阪神西宮 역 하차

🚶 도보 11분: 하쿠타카 로쿠스이엔

🌐 https://hakutaka.jp/shop.html

🚶 도보 6분: 니혼사카리 렌가칸

🌐 http://www.rengakan.com


오사카를 여행하거나 출장 계획이 있다면 나다고고를 찾아 일본 사케 문화를 경험해 보세요.

# 천년 고도
# 교토에서 사케 한 잔
## : 교토 후시미

천년 고도 교토의 남쪽에 위치한 후시미는 사케의 명산지입니다. 이곳의 사케는 나다와는 달리 미네랄이 적은 연수를 사용해 부드러운 목넘김이 특징입니다. 후시미 곳곳에는 현지 물을 시음할 수 있는 공간이 있어 물 한 모금만으로도 그 부드럽고 매끄러운 감촉에 감탄하게 됩니다.

후시미 사케

### 후시미의 꼭 가 봐야 할 양조장

교토의 주요 관광지는 북쪽에 밀집해 있지만, 교토역에서 전철로 약 30분 거리의 남쪽에 위치한 후시미는 우지와 함께 조용히 둘러보기 좋은 관광지입니다. 나다 사케가 미네랄이 풍부한 경수를 사용해 '남자의 술'이라 불리는 것과 달리, 후시미의 사케는 연수로 빚어 부드러운 맛이 특징이라 '여자의 술'로 유명합니다.

이 지역에는 18개의 양조장이 있으며, 일부는 견학이 가능합니다. 각 양조장마다 독특한 이야기를 간직하고 있어 사케 애호가들 사이에서 명소로 꼽힙니다. 지금부터 후시미의 꼭 가 봐야 할 양조장들을 소개하겠습니다.


## 겟케이칸 오오쿠라 기념관

'월계관'이란 뜻의 '겟케이칸'은 한국에서도 잘 알려진 사케 브랜드입니다. 1909년에 지어진 병입 공장을 개조해 만든 이 기념관에서는 후시미 사케의 역사와 겟케이칸의 기술 발전 과정을 살펴볼 수 있습니다.

겟케이칸 오오쿠라 기념관

방문객들은 사케를 시음하고 기념품을 구매할 수 있으며, 야외에 마련된 공간에서는 후시미의 천연수 '후시미즈'도 맛볼 수 있습니다. 입장료 600엔으로 짧은 시간 내에 후시미 사케의 진수를 경험할 수 있습니다.

겟케이칸 오오쿠라 기념관

🌐 https://www.gekkeikan.co.jp/enjoy/museum/access/

## 키자쿠라 후시미구라

'노란 사쿠라'를 의미하는 '키자쿠라'는 교토에 본사를 둔 대형 사케 · 맥주 양조장입니다. 키자쿠라 후시미구라는 일본에서 유일하게 사케와 맥주 양조 과정을 함께 견학할 수 있어 두 주류의 애호가들에게 특별한 곳입니다.

키자쿠라 캇파 컨트리

500$m$ 떨어진 '키자쿠라 캇파 컨트리' 레스토랑에서는 이곳에서 생산된 다양한 사케와 맥주를 맛볼 수 있습니다. 아라고시 쥰마이 니고리자케, 시보리타테 긴죠 나마자케, 타루다시 쥰마이슈 등 세 종류의 사케를 비교 시음할 수 있으며, 3종 수제 맥주 세트도 준비되어 있습니다.

후시미구라

🌐 https://kizakura.co.jp/husimigura/

키자쿠라 캇파 컨트리

🌐 https://kizakura.co.jp/restaurant/country/

## 신세이 야마모토 혼케

'신세이' 브랜드로 유명한 야마모토 혼케 양조장은 그 이름처럼 신성한 분위기가 감도는 곳입니다. 이곳의 가장 큰 특징은 다른 곳에서는 찾

신세이 야마모토 혼케

아볼 수 없는 다양한 한정판 생주를 맛볼 수 있다는 점입니다. 1677년 창업 이래 약 350년의 전통을 이어온 이 양조장은 현재 11대 사장에 이르기까지 가업을 계승해 오며, 일본 전통 사케 양조의 정수를 지켜 온 명문 양조장으로 명성을 떨치고 있습니다.

신세이 야마모토 혼케

🌐 https://yamamotohonke.jp/shop/


## 토미오 키타가와 혼케 오키나야

후시미의 전통을 대표하는 노포 키타가와 본가의 직영점 오키나야는 특별한 사케 경험을 해 볼 수 있는 곳입니다. 이곳의 특징은 양조 후 물을 전혀 섞지 않은 순수 원주를 맛볼 수 있다는 점입니다. 특히 '하카리우리量り売り' 방식으로 현장 탱크에서 직접 병에 담은 신선한 사

토미오 키타가와 혼케 오키나야

케를 즐길 수 있습니다.

브랜드명 '토미오'는 중국 사서오경에서 유래했으며, '마음이 넉넉한 사람은 만년에 행복해진다'는 의미를 담고 있습니다. 1657년에 문을 연 이곳은 브랜드 자체에서 전통의 깊이가 느껴지며, 후시미 사케의 명성을 이어가는 대표적인 양조장입니다.


토미오 키타가와 혼케 오키나야

🌐 https://www.tomio-sake.co.jp/okinaya/


## 그외 추천할 만한 특별한 장소

시간이 부족하거나 늦은 시간에 후시미를 방문한다면 '후시미 사카구라 코지'를 추천합니다. 이곳에서는 후시미 18개 양조장의 사케를 한자리에서 비교 시음할 수 있습니다. 후시미의 독특한 분위기와 역사를 느끼며 다양한 안주와 함께 사케를 즐길 수 있으며, 사케 제조 과정에서 나온 지게미로 만든 라멘 등 이곳에서만 맛볼 수 있는 특별한 메뉴도 마련되어 있습니다.


## 후시미 사카구라 코지

'후시미 사케 마을'로도 불리는 이곳은 후시미 중심부에 위치해 있어 교토역에서 전철로 20~30분이면 닿을 수 있습니다. 주택가 골목에 자리한 입구는 저녁에 찾기가 다소 어려울 수 있지만 한 공간에 모여 있는 8개의 음식점에서는 서로 다른 점포의 메뉴도 주문할 수 있어 편리합니다. 또한 18개 양조장에서 생산된 120여 종의 사케를 한자리에서 맛볼 수 있어 다양한 시음을 원하는 방문객들에게 매력적인 장소입니다.

후시미 사카구라 코지 입구

후시미 사카구라 코지 내부

이곳의 대표 메뉴는 쥬하치쿠라노 키키사케 세트입니다. 18개 양조장의 사케를 각각 20$ml$씩 맛볼 수 있는 이 세트는 전부 마시면 360$ml$로, 한국 소주 한 병과 비슷한 양입니다. 사케를 계속 마시다 보면 미각이 둔해질 수 있으므로, 순서대로 시음하기보다는 가장 기대되는 사케부터 맛보는 것이 좋습니다.

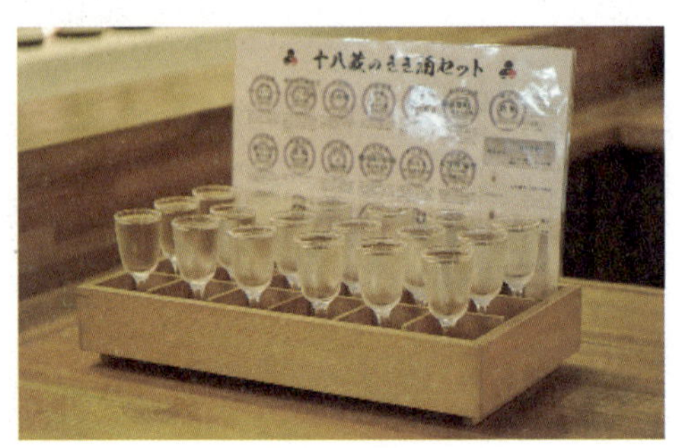

쥬하치쿠라노 키키 사케 세트

후시미 사카구라 코지의 라멘

일본에서는 술자리 후 라멘이나 소바로 마무리하는 것이 일반적인데, 이곳에서 파는 라멘은 일반적인 쇼유, 미소, 돈코츠 국물과는 다른 맛을 냅니다. 사케 제조 과정에서 나온 지게미로 만든 특별한 라멘이라 한국인의 입맛에는 다소 생소할 수 있습니다. 각 양조장의 라멘들의 맛이 상당히 독특해서 여러 명이 함께

 CHAPTER 03
이제 사케 마시러 일본으로

방문했다면 한 그릇을 나눠 맛보는 정도로 시도해 보면 좋습니다.

후시미 사카구라 코지

🌐 https://fushimi-sakagura-kouji.com

후시미에서는 '후시미 짓코쿠부네'라는 나룻배를 타고 뱃놀이를 즐길 수 있어 고즈넉한 풍경과 함께 특별한 체험도 할 수 있습니다. 이 뱃놀이는 비영리법인 후시미 관광협회가 운영하고 있습니다.

이 나룻배는 에도 시대에 후시미의 사케를 오사카로 운반하던 배를 재현한 것입니다. 에도 시대의 도량형으로 잇코쿠一石는 약 $180kg$에 해당했습니다. 따라서 짓코쿠부네는 약 $1,800kg$, 산짓코쿠부네는 $5,400kg$

후시미 짓코쿠부네 / 출처: 겟케이칸

의 사케를 실어 날랐을 것으로 추정됩니다. 현재는 일반 크기의 짓코
쿠부네十石舟와 더 큰 산짓코쿠부네三十石舟 두 종류가 운영되며, 작은 배
는 15명, 큰 배는 30명 정도를 태울 수 있습니다.

짓코쿠부네

🌐 https://kyoto-fushimi.or.jp/fune/unkou/

교토 후시미는 사케 양조장과 역사적 명소, 짓코쿠부네의 뱃놀이, 지
역 축제 등 다채로운 문화와 체험을 즐길 수 있는 곳입니다. 현지 이벤
트 소식과 교통 안내도 잘 되어 있어 방문객들이 후시미의 매력을 충
분히 느낄 수 있습니다.

천년 고도 교토에는 오랜 역사만큼이나 깊은 사케 문화가 살아 숨
쉽니다. 교토 여행 중 하루는 사케를 주제로 한 관광과 견학을 해 보세
요. 역사와 풍경을 감상하는 것과 더불어 교토 사케의 매력에 빠져 보
는 특별한 경험이 될 것입니다.

# 프랑스에서는 와이너리를,
# 일본에서는 사카구라를!
## : 사케 양조장 견학하기

　최근 일본을 찾는 외국인 관광객 수가 역대 최고치를 기록하고 있습니다. 엔화 약세가 한 요인이지만, 무엇보다 일본이 매력적인 여행지로 확고히 자리매김했기 때문입니다. 일본 여행에서 평범한 관광지 방문을 벗어나, 프랑스나 이탈리아의 와이너리 투어처럼 사케 양조장(사카구라) 견학도 특별한 경험이 될 수 있습니다. 특히 사케 애호가라면 이곳에서 사케의 제조 과정과 역사를 배우고, 다양한 종류의 시음을 통해 뜻깊은 시간을 보낼 수 있습니다. 사케 양조장은 대부분 수려한 자연 경관을 자랑하는 곳에 위치해 있어 일본의 전통 문화를 더욱 깊이 있게 체험할 수 있습니다. 대중교통이 불편한 곳도 있지만, 렌터카나 지인의 차량을 이용하면 와이너리 투어 못지않은 특별한 여행을 즐길 수 있습니다.

그해 첫 술이 나왔음을 알리는 스기타마가 걸린 양조장

빡빡한 여행 일정 중에도 첫날이나 마지막 날의 남는 시간을 활용해 사케 양조장을 방문하는 것도 좋습니다. 특히 일본의 주요 관문인 나리타 공항은 혼잡으로 인한 일정 지연이 잦습니다. 이런 대기 시간을 지루하게 보내는 대신, 공항에서 30분 거리 안에 있는 사케 양조장을 방문하면 특별한 추억을 만들 수 있습니다.

나리타와 하네다 공항에서 가깝고 특별한 체험이 가능한 양조장 두 곳을 소개하겠습니다.

## 이름마저 아름다운 아이유

이름을 보고 혹시 K-POP 스타 아이유를 떠올리셨나요? 여기서 소개할 아이유 주조는 200년 이상의 전통을 지닌, 아름다운 의미를 지닌 양조장입니다. '아이유愛友'란 이름에는 '친구를 사랑한다'는 뜻과 함께

'술을 사랑하는 이들에게 사랑받고자 한다'는 의미가 담겨 있습니다.

아이유 주조는 이바라키현 이타코에 자리잡고 있으며, 과거 여러 양조장이 있던 이타코 지역에서 현재까지 남아 있는 유일한 양조장입니다. 에도 시대부터 '코토모'라는 이름으로 누룩을 제조·판매해 온 이곳은, 그 기술을 토대로 1804년 창업주 카네히라 츠네시치가 설립했습니다. 현재는 8대 사장인 카네히라 리카코 씨가 운영을 맡고 있으며, 7대부터 여성 사장이 전통을 계승해 오고 있습니다.

창업 당시 아이유 주조는 '시카이 미나 쿄다이<sup>四海皆兄弟</sup>'를 슬로건으로 내걸었습니다. 이는 논어에서 유래한 말로, 인종과 국적, 민족을 넘어 '모두가 형제처럼 서로 사랑해야 한다'는 뜻을 담고 있습니다.

아이유 주조는 나리타 공항에서 가까운 곳에 있습니다. 나리타 인근 매장에서만 만날 수 있는 후도와 쵸메이센 등의 사케 브랜드와 달리 이곳은 예약 없이 연중무휴로 무료 견학이 가능하여 자유롭게 방문할 수 있습니다. 한적한 위치 덕분에 사케를 차분히 음미하며 견학하기에도 좋은 장소입니다. 다만 대중교통 접근성이 다소 불편하여 렌터카나 차량 이용을 추천합니다. 나리타 IC에서 이타코 IC까지는 약 40$km$ 거리로, 차로 30분 정도 걸리며, 30~40분이면 양조장 견학과 시음을 충분히 즐길 수 있습니다.


아이유 주조

🌐 https://aiyu-sake.jp/brewery/

아이유 주조 전경

아이유 주조 타루자케

## 유럽에서 더 인기있는 세토이치

일본은 화산과 지진이 많은 지형적 특성으로 온천 문화가 발달했습니다. 그중 하코네 온천은 일본 최고급 온천 중 하나로, 도쿄에서 약 $100km$ 거리에 있어 2시간 이내에 닿을 수 있는 인기 명소입니다. 하코네에는 유모토, 고라, 미야노시타, 센고쿠바라 등 다양한 온천이 있으며, 인근에 아타미, 유가와라, 이즈와 같은 대형 온천과 아시노코 호수,

후지산, 고텐바 아울렛, 야외 미술관 등 풍성한 관광지가 자리잡고 있습니다.

이렇게 볼거리가 풍부한 하코네 인근에 뜻밖의 특별한 양조장이 있습니다. 도심과 가깝다는 이유로 기계에 의존해서 대량으로 보급형 사케를 생산할 것이라는 선입견이 들 수 있지만, 이곳은 시상이 절로 떠오를 만큼 아름다운 전원 풍경을 자랑하는 아담한 양조장입니다. 잘 알려지지 않았으나 방문할 가치가 충분한, 숨은 보석 같은 매력을 지닌 곳입니다.

도쿄에서 하코네로 향하는 길목의 작은 마을 카이세이마치에는 '세토이치' 브랜드로 유명한 세토 주조점이 있습니다. 이 양조장은 소량 생산을 지향하여 잘 알려지지 않았지만, 꼭 들러 볼 만한 숨은 명소입니다. 마을에 발을 들이는 순간, 마치 미야자키 하야오의 애니메이션 속한 장면처럼 색다른 세계가 펼쳐집니다. 숲과 논을 스치는 상쾌한 바람, 자연과 인공이 어우러진 전원 풍경, 물소리에서 느껴지는 자연의 힘 그리고 대낮에도 별이 쏟아질 듯한 맑은 하늘이 깊은 인상을 남깁니다.

아름다운 풍경 속을 지나다 보면 이 자연과 완벽한 조화를 이루는 세토 주조점이 눈앞에 나타납니다.

세토 주조점은 1865년 창업 이후, 1980년에 자체 양조를 잠시 중단

세토주조점 전경

세토주조점 입구 모습

세토 주조점에서 바라본 전원 풍경

했다가 2018년, 38년 만에 재개했습니다. 그동안 완전히 폐업한 것은 아니었으나, 후계자 문제 등으로 자체 양조를 멈추고 다른 양조장의 술을 병입하는 방식으로 명맥을 유지해 왔습니다. 이후 카이세이마치 지역 활성화를 맡은 컨설팅 회사가 이 양조장의 전통과 가능성을 높게 평가해 인수하면서 양조를 다시 시작하게 되었습니다.

세토 주조점은 양조 재개 후 얼마 되지 않았음에도, 모든 라인업이 세계 각종 품평회에서 수상할 만큼 뛰어난 품질을 자랑합니다. 일본 내 품평회에는 참가하지 않아 상대적으로 인지도가 낮을 수 있으나 KURA MASTER, IWC 등 국제대회에서 재창업한지 불과 5년 정도 지난 시점에 총 150회 이상의 수상 실적을 기록했습니다. 최근에는 '와인글라스로 맛있는 니혼슈 어워드 2023'에서 세토이치의 세 개 브랜드가 프리미엄 부문을 수상하며 그 가치를 재입증했습니다. 세토 주조점은 사카타니시키, 아시가리고, 세토이치 세 가지를 기본 라인업으로 두고 있으며, 그중 세토이치가 대표 브랜드입니다.

또한 각각의 사케가 누구와 언제, 어떤 음식과 함께 마실지를 구체적으로 상상하여 여덟 가지로 구분한 최상의 식중주로, 마시는 이와 상황까지 고려해 만들어진 만큼 이름도 특별하고 인상적입니다. 그중 눈에 띄는 이름으로는 '달이 이쁘네요月が綺麗ですね', '바람이 불면風が吹いたら', '소리도 없이音も無く' 등이 있습니다.


양조장에는 다다미 방이 마련되어 있어 코인으로 다양한 라인업의 사케를 시음할 수 있습니다. 간단한 안주도 준비되어 자연 속에서 사케를 음미하기에 더할 나위 없는 운치를 자랑합니다. 다만 주 3일은 휴무이므로 방문 전 반드시 영업일을 확인하시기 바랍니다.

대중교통 접근성은 다소 불편하지만, 차량 이동이 가능하다면 꼭 방문해 볼 것을 권합니다. 사케를 처음 접하는 분들에게도 훌륭한 입문 장소가 될 것입니다.


세토 주조점

🌐 https://setosyuzo.ashigarigo.com

# 일본에 왔으니
# 사케는 한 병 사가야지!
## : 공항 면세점에서 사케 고르는 법

엔화 약세로 일본 여행이 활기를 띠며 위스키와 함께 사케가 큰 인기를 얻고 있습니다. 일본 여행 시 사케는 위스키에 비해 가성비가 좋고, 일본의 전통성이 잘 드러나 한국의 지인들에게 선물하기에 적합합니다. 다만 다양한 종류의 사케 중에서 어떤 것을 선택해야 할지 막막할 수가 있습니다. 이에 일본의 대표 관문인 나리타 공항 면세점에서 구매할 수 있는 사케를 중심으로 소개하겠습니다만, 공항 면세점의 사케는 전반적으로 품질이 매우 뛰어난 편은 아니어서 가능하다면 시내의 유명 사케 전문점 이용을 추천드립니다. 면세점은 시내에서 구매하지 못했거나 급하게 사케가 필요한 경우에 적합한 곳입니다. 면세점에서 판매되는 사케 대부분은 재고 관리와 자금력, 마케팅 역량이 우수한 대형 양조장 제품들입니다.

나리타 공항의 면세점 사케 코너

앞으로 소개할 사케는 '사케노와' 사이트의 소비자 및 전문가 평가 데이터를 기반으로 한 객관적인 정보입니다. 개인적인 의견은 배제하고, 공항 면세점 구매 가능 제품을 중심으로 설명하겠습니다.

## 세계적으로 가장 유명한 사케, 닷사이

닷사이는 공항 면세점과 백화점에서 흔히 볼 수 있는 대표적인 사케 브랜드로, 그 유명세만으로도 충분히 인정받고 있는 제품입니다. 닷사이는 사케노와 전국 랭킹 12위에 오른 제품으로, 전 제품이 특정 명칭주 중 최상급인 정미 비율 50% 이하의 준마이다이긴죠로만 구성됩니다. 주력 제품은 정미 비율에 따라 45, 39, 23, 그리고 23소노사키에로 구분되며, 각각 독특한 맛을 보여 줍니다. 닷사이는 세계적으로 인정받는 사케이지만, 순위상 더 뛰어난 11개의 사케가 있다는 점도 주목할 만합니다.

야마구치현의 작은 시골 양조장이었던 닷사이는 같은 지역 출신인 전 아베 총리가 오바마 대통령에게 선물하면서 유명세를 얻어 큰 성공을 거두게 되었습니다. 현재는 뉴욕, 파리, 긴자에도 전문 매장을 운영할 정도로 성장했지만, 일본 현지에서는 장인 정신보다 대량 생산 방식을 택한 사케라는 인식이 확산되며 인기가 다소 하락한 상태입니다.

사케노와 기준으로 현재 전국 랭킹 12위인 닷사이

## 사케붐이 일기 전부터 이미 유명했던 사케, 쿠보타

쿠보타는 사케를 잘 모르는 사람들도 한 번쯤 들어봤을 만한 브랜드입니다. 특히 '쿠보타 만쥬'는 사케 열풍이 불기 이전부터 하나의 독립된 브랜드처럼 널리 사랑받아온 제품입니다.

쿠보타는 1830년에 설립된 니가타현의 아사히 주조에서 생산하며, 사케노와 전국 랭킹 45위를 기록하고 있습니다. '아사히'라는 이름이 같아 혼동하기 쉽지만, 닷사이를 만드는 아사히 주조나 아사히 맥주의 아사히비루와는 무관한 회사입니다. '아사히'는 '떠오르는 태양'이란 뜻으로, 한국의 '고려'나 '동아'처럼 일본에서 흔히 사용되는 명칭입니다.

사케노와 기준으로 전국 랭킹 45위인 쿠보타 / 출처: 사케타임즈

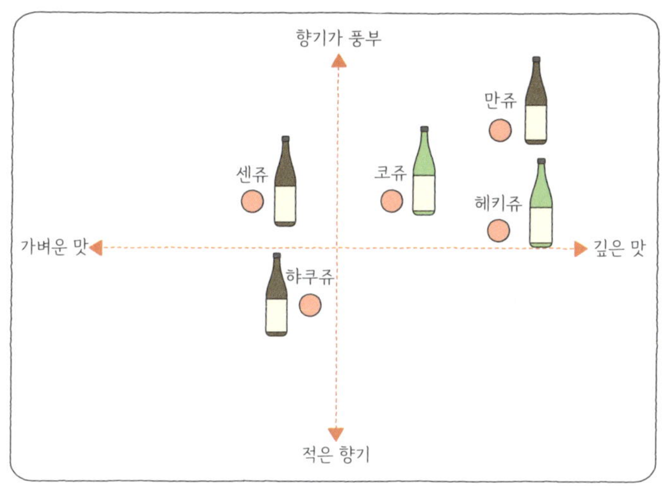


쿠보타의 라인업별 맛을 정리한 지도

쿠보타는 제품군이 매우 다양하여 전체를 파악하기가 쉽지 않으며, 업계의 평가도 그리 높지 않습니다. 최고급 사케를 표방하지만 지나친

나리타 공항 면세점의 사케

상업화로 인해 전국 랭킹 45위, 니가타 현내 4위에 머물러 있습니다. 대표 제품인 '쿠보타 만쥬'는 일본 현지 주판점에서 4,000엔 선이지만, 한국의 이자카야에서는 20만 원대로 판매될 만큼 인기가 높습니다. 센쥬, 햐쿠쥬, 코쥬, 헤키쥬 등 다양한 제품이 있으나, 선물용으로는 무난하지만 개인 음용으로는 추천하기 어렵습니다. 특별한 특징이 없고 맛도 평이한 수준이기 때문입니다.

### 니가타의 겨울 매화, 코시노칸바이

코시노칸바이는 셋츄바이, 미네노하쿠바이와 함께 니가타의 '세 가지 매화'로 불리며 전성기를 누렸지만, 현재는 쿠보타처럼 과거의 명성에 기대어 있는 상태입니다. '니가타의 겨울 매화'라는 뜻을 가진 이 사케는 현재 전국 랭킹 200위, 니가타현 내 19위를 기록하고 있습니다.

### 국화의 물, 키쿠스이

키쿠스이는 '국화의 물'이란 뜻을 지닌 니가타의 대표적인 명주로, 대형 양조장에서 생산되는 고품질 사케입니다. 특히 편의점에서 캔으로 판매되는 '후나구치' 시리즈가 큰 인기를 얻고 있으며, 현재 전국 랭킹 117위, 니가타현 내 13위를 기록하고 있습니다.

## 취한 마음, 스이신

스이신은 '취한 마음'이란 뜻으로, 히로시마의 대형 양조장에서 생산됩니다. 전국 순위는 없지만 히로시마현 내 12위를 기록하고 있습니다. 품질보다는 양조장의 자금력으로 유통되는 제품이라 할 수 있습니다.

## 종이팩 사케, 하쿠시카

하쿠시카는 슈퍼마켓이나 편의점에서 흔히 볼 수 있는 종이팩 사케입니다. 안타깝게도 피해야 할 브랜드로 평가받고 있으며, 전국은 물론 본고장인 효고현 내 순위에도 들지 못하고 있습니다. 초보자가 피해야 할 종이팩 사케 브랜드로는 사와노츠루, 하쿠츠루, 오제키, 키자쿠라,

슈퍼마켓에서 판매되는 저렴한 종이팩 사케들

니혼사카리, 쇼치쿠바이가 있습니다. 이러한 제품들은 사케의 진정한 매력을 느끼기 어려울 수 있어 주의가 필요합니다. 겟케이칸과 사쿠라 마사무네는 이들보다는 나은 편이나 추천할 만한 수준은 아닙니다.

## 미니어처 타루자케로 판매되는 사케, 후지니시키

후지니시키는 후지산이 있는 시즈오카현에서 생산되는 사케로, 전통 술통 형태의 미니어처 타루자케로 판매되어 장식용으로 적합합니다. 전국 랭킹은 없으나 시즈오카 내에서는 13위에 올라 있습니다. 후지산을 테마로 한 이름과 배경이 특징이며, 선물용으로는 무난한 선택이 될 수 있습니다.

나리타 공항 면세점에 있는 후지니시키

## 전통 면에서 높은 평가를 받는 키쿠히메

키쿠히메는 랭킹과 전통 면에서 높은 평가를 받는 사케지만, 현대적 취향과는 다소 거리가 있습니다. 호불호가 분명하며, 차게 마시는 것보다 아츠칸으로 즐길 때 진가가 발휘됩니다. 현재 전국 랭킹 59위, 이시카와현 내 2위를 기록하고 있습니다.

## 전통 있는 클래식한 사케, 마스이즈미

마스이즈미는 토야마현의 전통 있는 클래식한 사케입니다. 오랜 역사를 자랑하지만 최근 트렌드와는 거리가 있다는 평가를 받고 있으며, 새로운 시도는 긍정적이나 기존 명성에 의존하는 듯한 인상을 줄 수 있습니다. 전국 랭킹 89위, 토야마현 내 3위이며, 시바스리갈과 협업하여 위스키 오크통 숙성 사케를 출시하기도 했습니다.

나리타 공항 면세점의 시바스리갈 컬래버레이션 마스이즈미

## 추천하는 편의점 사케, 핫카이산

핫카이산은 1922년에 설립된 비교적 젊은 양조장이지만, 거의 전 제품을 정미 비율 60% 이하의 긴죠급 이상으로 생산하여 스테디셀러로 자리잡았습니다. 편의점 판매 사케 중 몇 안 되는 추천 제품으로, 전국 랭킹 34위, 니가타현 내 2위를 기록하며 쿠보타보다 높은 평가를 받고 있습니다.

## 이름처럼 우아한 품격의 시메하리츠루

시메하리츠루는 대량 생산되는 사케임에도 균형 잡힌 맛과 뛰어난 브랜드 관리로 니가타 사케의 장점을 잘 보여 주는 제품입니다. '신성한 학에 금줄을 친다'는 의미의 이름처럼 우아한 품격을 갖추고 있으며, 전국 랭킹 49위, 니가타현 내 6위를 기록하고 있습니다.

결론적으로, 사케 구매는 공항 면세점보다 시내 유명 주판점 이용을 권장드립니다. 불가피하게 면세점을 이용하실 경우 선물용으로는 닷사이 23, 39 또는 쿠보타 만쥬가 무난한 선택이 될 수 있습니다.

다른 제품들은 품질보다는 외국인을 겨냥한 화려한 포장과 마케팅에 치중하여 사케 본연의 매력을 제대로 전달하지 못할 수 있습니다. 이는 마치 한국의 면세점에서 내국인에게는 인기 없는 제품을 외국인 관광객에게 판매하는 것과 유사하며, 사케에 대한 좋지 않은 첫인상을

나리타 공항 면세점 사케

남길 수 있어 신중한 선택이 필요합니다.

진정한 사케를 경험하고 싶으시다면 시내 주판점에서 다양하고 매력적인 제품을 합리적인 가격에 구매할 수 있으니 공항 방문 전 둘러보기 바랍니다.

CHAPTER 04에서는 사케 세계를 대표하는 상징적인 브랜드들을 소개해 드립니다.
사케는 그 종류와 브랜드가 매우 다양하여 입문자들이 선택하기 어려울 수 있습니다.
하지만 각 브랜드의 역사와 고유한 매력을 이해하면 사케의 풍부한 세계를 더욱 깊이
있게 알 수 있습니다.

# 핫한 사케지만 마실 때는 쿨하게
## : 사케 브랜드별 소개

# 사케는 몰라도
# 쿠보타 만쥬는 안다
## : 상징적 존재 쿠보타 이야기

쿠보타 만쥬는 일본의 사케 붐이 시작되기 이전부터 많은 이들에게 사랑받아온 대표적인 사케 브랜드입니다. 높은 가격과 한정된 수량으로 인해 쉽게 접하기 어려웠던 만큼 그 희소성이 명성을 더욱 높였습니다.

현재는 한국의 주판점은 물론, 사케를 취급하는 이자카야와 일식당 대부분에서 쿠보타 만쥬를 메뉴에 올리고 있습니다. 이처럼 쿠보타 만쥬는 사케를 이야기할 때 빼놓을 수 없는 상징적인 존재로 자리 잡았습니다.

### 쿠보타의 양조장과 역사

쿠보타久保田는 1830년 니가타현 나가오카시에 설립된 아사히 주조에서 생산되는 사케입니다. 아사히 주조는 대표 브랜드 쿠보타를 비롯해 엣슈, 아사히야마, 센신, 츠구 등 다섯 개의 브랜드를 보유하고 있습니다. 그중 쿠보타는 만쥬, 센쥬, 헤키쥬, 스이쥬, 코쥬, 햐쿠쥬 등 다양한 시리즈로 구성되어 있습니다.

아사히 주조가 위치한 나가오카시는 맑은 물과 깨끗한 공기를 자랑하는 쌀 재배의 최적지입니다. 이 지역에서는 사케 양조에 적합한 주조 적합미뿐만 아니라 일본의 대표적인 식용 쌀인 니가타산 코시히카리도 생산되어 최고급 품질을 인정받고 있습니다. 쿠보타는 쌀뿐만 아니라 물 또한 뛰어난데, 양조장의 지하수맥에서 취수한 연수로 사케를 빚습니다. 미네랄 함량이 적은 이 물은 연하고 담백한 맛을 내며, 부드러운 발효 과정을 가능하게 합니다. 아사히 주조는 창립 이래로 "좋은 술은 좋은 원료를 뛰어넘을 수 없다"라는 신념을 고수해 왔습니다. 이러한 철학을 바탕으로 '좋은 술 만들기는 좋은 쌀 만들기부터'라는 원칙 아래, 농업법인 아사히 농연을 설립했습니다. 이를 통해 쌀 재배부터 양조까지 일관된 품질 관리가 가능한 통합 경영 방식을 실현하고 있으며, 정도를 지키면서도 끊임없는 연구 개발로 혁신을 이어가고 있습니다.


## 쿠보타의 담백한 맛과 성공 스토리

'담백하고 드라이한 맛'을 추구하는 쿠보타는 시대의 변화를 반영한다는 신념을 담아 탄생했습니다. 1970년대 후반, 저가 경쟁으로 인한 품질 저하로 사케 업계가 위기를 맞이했을 때 아사히 주조는 생존을 위해 새로운 상품 개발에 전념했습니다. 산업 구조가 육체 노동에서 두뇌 노동 중심으로 변화하면서 소비자의 기호도 무겁고 진한 맛에서 가볍고 깔끔한 맛으로 옮겨갈거라 예상하고 대대적인 노력과 준비 끝에 1985년 5월에 탄생한 쿠보타는 회사의 운명을 극적으로 바꾸어 놓았습니다. 이러한 시대적 변화를 정확히 포착해 시장의 호응을 얻었고, 전통 양조를 현대적으로 재해석하는 데 성공했습니다. 이는 사케의 중심지를 서일본에서 동일본으로 이동시키는 계기가 되었습니다.

백수(햐쿠쥬), 천수(센쥬), 만수(만쥬) 등의 시리즈로 유명한 쿠보타는 숫자가 높을수록 품질과 가격대가 상승합니다. 최근 주목받는 아라마사나 쥬욘다이와 비교했을 때 다소 차이가 있다 하더라도 여전히 최고급 사케로서의 명성을 유지하고 있습니다.


## 쿠보타 주요 시리즈 라인업

❶ 쿠보타 만쥬

- **등급:** 쥰마이다이긴죠
- **주조호적미:** 고햐쿠만고쿠
- **정미 비율:** 코지마이 50%, 카케마이 33%

쿠보타 라인업

**❷ 쿠보타 센쥬**

- **등급:** 긴죠

- **주조호적미:** 코지마이-고햐쿠만고쿠 50%, 카케마이-니가타현 쌀 55%

**❸ 쿠보타 쥰마이다이긴죠**

- **등급:** 쥰마이다이긴죠

- **주조호적미:** 코지마이, 카케마이-고햐쿠만고쿠 50%

**❹ 쿠보타 셋포**

- **등급:** 쥰마이다이긴죠 야마하이(7~9월 한정 출하)

- **주조호적미:** 코지마이-고햐쿠만고쿠 50%, 카케마이-니가타현 쌀 33%

- **특별 사항:** 스노우피크SNOW PEAK와 컬래버레이션 제품

## 쿠보타 시리즈 이외 라인업

아사히 주조는 쿠보타 외에도 엣슈, 아사히야마, 센신, 츠구 등 여러 브랜드를 보유하고 있으며, 각각의 브랜드는 다양한 제품으로 구성되어 있습니다.

엣슈는 합리적인 가격대의 브랜드이며, 아사히야마는 쿠보타의 고햐쿠만고쿠 대신 코시탄레이 등 다른 품종의 쌀로 빚어집니다. 센신은 정미 비율 28%의 프리미엄 사케로 쿠보타 만쥬보다 더 고급스러운 맛을 자랑하며, 츠구는 정미 비율 20%에 720$ml$ 기준 출고가가 44,000엔에 달하는 최고급 사케로, 쿠보타 만쥬의 약 10배에 이르는 가격대를 형성하고 있습니다.

쿠보타 입문자에게는 균형 잡힌 맛으로 널리 인정받는 쿠보타 만쥬가 가장 좋은 선택입니다. 합리적인 가격대를 선호하는 분들은 쿠보타 센쥬를, 더욱 고급스러운 맛을 원하는 분들은 센신을 추천합니다. 이 세 제품은 면세점과 주판점에서 쉽게 구입할 수 있어 접근성이 뛰어납니다.

## 쿠보타 만쥬의 현재와 과제

쿠보타 만쥬는 여전히 뛰어난 품질을 유지하고 있으나, 시대의 변화에 발맞춰 혁신을 거듭하는 다른 브랜드들과의 경쟁에서는 조금씩 밀리는 모습을 보이고 있습니다. 현재 일본 전국 45위, 니가타현 내 4위에 머무는 순위는 과거의 명성에 미치지 못하는 수준입니다.

한때는 설명이 필요 없을 만큼 강력한 브랜드 파워를 자랑했지만, 현재의 모습은 일본 경제 전반의 상황과 닮아있습니다. "부자가 망해도 3년은 간다"라는 말처럼 아직 명맥을 유지하고 있지만, 앞으로 치열한 경쟁 속에서 살아남기 위해서는 더욱 강도 높은 혁신이 필요해 보입니다.

# 일본 사케를 대표하는 브랜드
# 닷사이
# : 세계적 명성의 닷사이 이야기

과거 사케 추천이나 선물용으로 쿠보타 만쥬가 가장 무난한 선택이 었던 것처럼, 현재는 닷사이가 그 역할을 하고 있습니다. 위스키보다 저렴한 가격으로 인기를 끌었던 쿠보타의 입지는 이제 닷사이로 옮겨 갔습니다.

최근 몇 년간 눈부신 성장을 이룬 닷사이는 이제 일본 사케를 대표하는 브랜드가 되었습니다. '야마구치의 산속 깊은 곳의 작은 양조장'이라는 슬로건은 초기의 소박한 모습을 담고 있지만, 현재는 대형 시설을 갖춘 기업으로 성장해 뉴욕, 파리, 도쿄 긴자에도 전문 매장을 운영하고 있습니다.

닷사이의 성공 요인 중 하나는 뛰어난 품질 대비 합리적인 가격입니다. 최고급 제품인 닷사이 23은 발렌타인 17년보다 낮은 가격대를 형성하고 있어 소비자들의 선택을 받고 있습니다. 현재 닷사이는 일본의 모든 공항 면세점은 물론 해외에서도 쉽게 만날 수 있는 프리미엄 사케의 대명사로 자리 잡았습니다.

## 닷사이 이전의 사케 변천사

사케는 나라에서 시작되어 고베의 나다 지역과 교토의 후시미 지역에서 본격적으로 대중화되었습니다. 이 두 지역의 양조장들은 풍부한 자본력을 바탕으로 대량 생산 체제를 구축했고, 종이팩 사케까지 출시하며 사케의 대중화를 주도했습니다. 하지만 이러한 대량 생산

닷사이 45

방식은 사케의 전반적인 가치 하락을 초래했습니다. 그 결과, 고급 사케를 선호하는 애호가들은 시선을 돌려 뛰어난 식용 쌀 산지로 유명한 니가타를 비롯한 다른 지역의 특색 있는 사케를 찾기 시작했습니다.

맛과 품질, 전통을 중시하는 양조장들이 나다와 후시미의 대량 생산 방식과 차별화된 경쟁력을 갖추며 부상하기 시작했습니다. 특히 니가타 지역은 2016년 기준 91개의 양조장을 보유할 만큼 큰 규모로 성장했으며, 전체 생산량의 68%가 특정 명칭주일 정도로 품질 관리에 힘써왔습니다. 그러나 시간이 흐르면서 니가타의 양조장들도 기득권에

안주하며 대량 생산 체제로 전환되어 갔습니다. 이때 아키타현의 아라마사, 야마가타현의 쥬욘다이, 야마구치현의 닷사이와 같은 혁신적인 브랜드들이 새롭게 등장하며 주목받기 시작했고, 이로써 일본 사케 업계는 '전국시대'를 맞이합니다.

## 닷사이의 탄생 배경

아사히 주조는 주요 사케 산지가 아닌 야마구치현에서도 존재감이 미미했던 양조장이었습니다. 아사히후지라는 브랜드로 명맥만 이어오던 이 양조장은 3대째 사장인 사쿠라이 히로시의 귀환으로 극적인 전

도쿄 내 닷사이 직영점

환점을 맞게 됩니다. 원래 다른 직업을 가지고 있던 사쿠라이 히로시는 2대 사장이었던 아버지의 갑작스러운 별세로 인해 회사를 떠난지 6년 만에 복귀해 가업을 잇게 되었습니다. 당시 아사히 주조는 브랜드 인지도가 거의 없었고, 나다와 후시미의 대형 양조장들과의 가격 경쟁에서 밀려 심각한 경영난을 겪고 있었습니다. 이에 따라 새롭게 사장이 된 사쿠라이 히로시는 과감한 혁신을 단행했습니다. 쌀의 직접 재배, 유통 구조 개선, 최고급 등급인 쥰마이다이긴죠 전문 생산 등으로 차별화를 꾀했습니다. 또한 지역 시장보다 수도권을 집중적으로 공략하며 경영 상황을 개선해 나갔습니다. 마침내 닷사이가 스타 브랜드로 도약하게 되었는데, 결정적인 계기는 다음 세 가지 이유입니다.

첫째, 전 아베 신조 총리가 푸틴 대통령과 오바마 대통령에게 선물하며 국제적 주목을 받게 되었습니다.

둘째, 인기 애니메이션 에반게리온에 브랜드가 등장하며 인지도가 크게 상승하였습니다.

셋째, 글로벌 브랜드 유니클로와의 협업을 통해 폭발적인 인기를 얻게 되었습니다.

흥미롭게도 닷사이의 성공을 이끈 주요 인물들은 모두 야마구치현 출신입니다. 아베 신조 전 총리, 에반게리온의 안노 히데아키 감독, 유니클로의 야나이 타다시 사장, 이 세 사람의 고향 사랑이 닷사이의 성장에 큰 힘이 되었습니다.

닷사이 라인업별 3종 세트

## 닷사이 이름에 담긴 의미

닷사이란 이름의 유래는 흥미롭습니다. 당나라 시인이 시를 쓰기 위해 참고 문헌을 펼쳐 놓은 모습이 마치 수달이 잡은 물고기를 물가에 가지런히 늘어놓고 축제祭를 하는 것과 같다고 해서 지어진 이름입니다. 또한 양조장이 위치한 지역명 오소고에의 '오소獺: 수달'에서도 영감을 받았다고 합니다.

 CHAPTER 04
**핫한 사케지만 마실 때는 쿨하게**

## 닷사이의 프리미엄 양조 과정

닷사이는 양조 방식에서도 혁신을 이루었습니다. 일반적으로 사케는 술덧(모로미)을 기계나 인위적인 장치로 압력을 가해 짜내는 '시보리' 공정을 거치지만, 닷사이는 업계 최초로 원심 분리 방식을 도입했습니다. 빨래 탈수처럼 원심력으로 사케를 추출하는 이 방식은 시간이 더 걸리지만, 맑고 깔끔한 맛을 극대화할 수 있습니다. 이는 전통적인 자연 낙하 방식과는 다른, 닷사이만의 혁신적인 시도였습니다. 다만, 닷사이가 도입한 원심 분리 방식은 집 한 채 값에 맞먹는 고가의 설비와 많은 시간, 비용이 필요했고, 이로 인해 이 방식으로 생산된 사케는 동일 등급 제품보다 약 3배 높은 가격대를 형성하게 되었습니다.

닷사이는 첨단 과학 시스템을 활용해 엄격한 자체 품질 기준을 수립하고, 이를 통과한 제품만을 시장에 내놓고 있습니다. 특히 모든 제품을 최고급 등급인 쥰마이다이긴죠로만 생산하여 일관된 최상급 품질을 유지하고 있습니다.

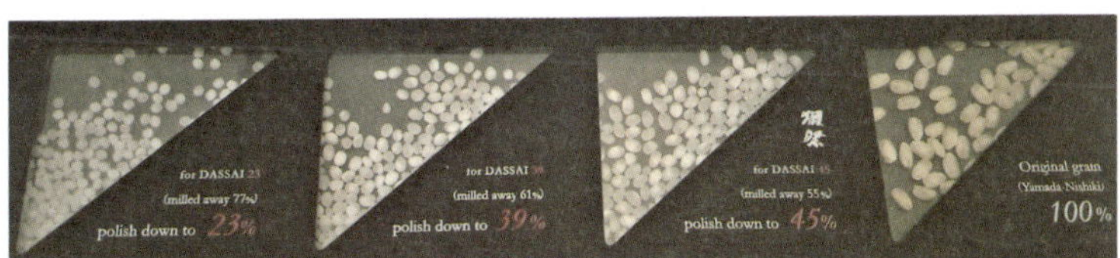


닷사이의 라인업별 정미 사진

## 닷사이의 등급 체계와 표기법

닷사이는 모든 제품이 최고급 등급인 쥰마이다이긴죠이기 때문에 정미 비율에 따라 제품을 구분합니다. 기본 라인업은 45, 39, 23, 23 소노사키에, 네 종류입니다. 초기에는 50도 있었으나, 일본 주세법상 정미 비율 50% 이하를 쥰마이다이긴죠로 규정하는 점과 일부 양조장이 50%를 기준으로 쥰마이긴죠와 쥰마이다이긴죠를 혼용하는 문제를 피하고자 현재는 45를 최저 등급으로 설정했습니다.

정미 비율을 읽을 때는 특별한 표현법을 사용합니다. 39는 '산쥬큐' 대신 '산와리큐부', 23은 '니쥬산' 대신 '니와리산부'로 읽습니다. 이는 39%와 23%를 각각 0.39, 0.23으로 환산하여 할푼리 개념으로 표현한 것으로, 3할 9푼과 2할 3푼을 의미합니다.

❶ 닷사이 45

- **등급**: 쥰마이다이긴죠
- **주조호적미**: 야마다니시키
- **정미 비율**: 45%

❷ 닷사이 39

- **등급**: 쥰마이다이긴죠
- **주조호적미**: 야마다니시키
- **정미 비율**: 39%

❸ 닷사이 23

- **등급**: 쥰마이다이긴죠
- **주조호적미**: 야마다니시키
- **정미 비율**: 23%

❹ 닷사이 23 원심 분리

- **등급**: 쥰마이다이긴죠
- **주조호적미**: 야마다니시키
- **정미 비율**: 23%

**⑤ 닷사이 23 소노사키에**

- **등급:** 쥰마이다이긴죠
- **주조호적미:** 야마다니시키
- **정미 비율:** 비공개


이 외에도 닷사이 블루, 이도무 등 여러 버전이 출시되고 있습니다.


## 닷사이의 현재와 과제

닷사이는 "좋은 사케를 누구나 쉽게 즐길 수 있도록 하겠다"라는 철학으로 대량 생산 체제를 갖추었습니다. 최고급 품질임에도 합리적인 가격과 높은 접근성은 장점이 되었지만, 쥬욘다이十四代, 지콘而今, 하나아비花陽浴 같은 프리미엄 사케들이 가진 희소가치는 잃게 되었습니다.

일본 내에서는 장인 정신이 깃든 수제 사케보다는 기계로 대량 생산되는 양산형 이미지가 강해지며 인기가 다소 주춤한 상태입니다. 하지만 해외에서는 뛰어난 마케팅과 최고급 사케 전문 생산이라는 전략이 통하면서 여전히 강력한 브랜드 파워를 유지하고 있으며, 해외 주문도 계속 증가하고 있습니다.

# 도쿄, 오사카, 후쿠오카의
# 지자케
## : 대도시의 숨은 명주, 지자케 이야기

도쿄, 오사카, 후쿠오카는 한국인이 가장 많이 찾는 일본의 대표 도시이자, 전국의 사케가 모이는 곳입니다. 하지만 이곳에도 지역의 특색을 담은 '지자케地酒'라는 로컬 사케가 있습니다. 지자케는 각 지역의 기후, 물, 쌀 등 자연환경을 반영해 독특한 맛과 풍미를 자랑합니다.

대도시에서 생산된다는 이유로 품질을 의심받기도 하지만, 실제로는 뛰어난 맛과 품질을 갖춘 숨은 명주가 많습니다. 이제 도쿄, 오사카, 후쿠오카에서만 맛볼 수 있는 특별한 지자케들을 소개하겠습니다. 단순히 지역성에 기대지 않고 진정한 실력으로 인정받는 명품 사케들을 엄선했습니다.

### 도쿄의 지자케 사와노이

도쿄는 23개 구와 26개 시, 4개 정, 9개 촌으로 이루어진 거대 행정 구역으로, 단순한 도시의 개념을 넘어섭니다. 일반적으로 도쿄하면 23개 구를 떠올리지만, 도쿄의 양조장들은 주로 외곽에 자리잡고 있습니다. 그중 도쿄도 오메시에서 제조되는 사와노이澤乃井는 도쿄를 대표하는 지자케입니다.

사와노이 다이긴죠

사와노이를 만드는 오자와 주조는 1702년에 설립되었습니다. 창업주 오자와 가문은 야마나시현의 풍림화산으로 유명한 타케다 신겐 가문의 일족이었습니다. 1573년 타케다 신겐이 사망한 후, 이들은 고향

오자와 주조에서 내려다보이는 경관

을 떠나 사와이무라에 정착했고, 비축해 둔 군자금으로 양조장을 창업했습니다. 이후 320여 년간 오쿠타마 지역의 토속주로 꾸준한 사랑을 받고 있습니다.

오자와 주조는 주말 견학지로도 큰 인기를 얻고 있습니다. 강을 내려다보는 산지에 위치한 양조장은 아름다운 경관을 자랑합니다. 양조장 부지에는 사와노이엔이라는 매점과 시음회장, 마마고토야라는 레스토랑이 있어 다채로운 체험이 가능합니다. 또한 타마가와를 건너는 다리가 양조장과 연결되어 있고, 건너편에는 '빗과 비녀 박물관'과 칸잔지 절이 있어 산책로로도 사랑받고 있습니다.

오자와 주조는 사전 예약을 통해 공장 견학이 가능하며, 친절한 안내와 함께 3개의 양조장을 순차적으로 둘러볼 수 있습니다. 숙성 중인 고주古酒를 직접 관람할 수 있고, 정미 과정과 저장 탱크, 압착기 등 다양한 양조 시설을 자세한 설명과 함께 체험할 수 있습니다.

사와노이의 라벨과 병에 새겨진 '게'는 사와가니澤蟹라 불리는 민물 게로, 맑은 물을 상징합니다. 양조장은 자체 암반수를 사용해 사케를 빚으며, 발효력이 강한 중경수를 활용하여 술의 주질을 깔끔하고 맑게 유지하고 있습니다.

오사카 대표 지자케 아키시카

## 오사카의 지자케 아키시카

교토, 고베, 나라가 있는 간사이 지역은 예부터 술 양조의 중심지로 알려져 있습니다. 나라현은 일본 사케의 발상지로 꼽히며, 효고현의 고베와 교토부의 교토는 현재까지도 일본 최대의 사케 생산지입니다. 반면 오사카는 '상인의 도시', '천하의 부엌'으로 불리며, 사케를 생산하기보다는 소비하는 시장으로서의 이미지가 강해 양조와는 다소 거리가 있어 보일 수 있습니다.

하지만 오사카 북부의 산간 지역에서 생산되는 명주, 아키시카秋鹿는 오사카의 지자케로서 특별한 매력을 지니고 있습니다.

아키시카를 양조하는 아키시카 주조는 오사카 시내에서 떨어진 노세쵸에 위치해 있습니다. 이곳은 고도가 높은 산간 지역으로, 오사카 시내보다 기온이 약 5도 낮아 '오사카의 카루이자와', '오사카의 티베트'라는 별칭으로 불려왔습니다. 1886년 오쿠시카노스케가 창업한 이래 현재는 6대째 이어져 오고 있습니다.

오사카를 대표하는 심볼, 오사카성

아키시카는 노세쵸의 자체 논에서 주조호적미의 최고 품종인 야마다니시키를 무농약으로 직접 재배합니다. 양조 알코올을 전혀 사용하지 않고 쌀과 누룩, 물만으로 순수 쥰마이슈를 생산합니다. 제초제 대

  CHAPTER 04
핫한 사케지만 마실 때는 쿨하게

신 제초기로 잡초를 제거하는 등 재배 과정에서도 화학 비료를 전혀 사용하지 않는데, 이는 제초제가 쌀은 물론 술의 주질에까지 영향을 미칠 수 있다는 강한 신념 때문입니다.

아키시카의 가장 큰 특징은 산미입니다. 농후한 맛을 지니면서도 뒷맛이 깔끔하며, 단맛과 산미가 조화를 이루어 '새콤달콤'한 맛을 만들어 냅니다. 2019년 G20 오사카 정상 회의에서는 건배주로 선정되어 그 품질을 인정받았습니다.

아키시카秋鹿라는 이름은 창업자 오쿠시카노스케가 '결실의 계절인 가을秋'과 자신의 이름에서 따온 '사슴鹿'을 조합해 지었습니다. 흥미롭게도 간사이 지역에서 '사슴'하면 많은 이들이 사슴 공원으로 유명한 나라 공원을 떠올립니다. 실제로 오사카 인근 나라현에는 하루시카春鹿라는 사케가 있습니다. 이름만 보면 봄의 사슴은 하루시카, 가을의 사슴은 아키시카로 묘한 인연처럼 느껴지지만, 두 사케는 실제로 아무 관련이 없습니다.


## 후쿠오카의 지자케 니와노우구이스

일본은 섬나라이며, 그중에서도 홋카이도, 혼슈, 시코쿠, 규슈가 4대 섬으로 꼽힙니다. 이 중 후쿠오카가 있는 규슈는 아소산을 비롯한 산지로 이루어져 있어 쌀 재배에 적합한 평야가 많지 않습니다. 하지만 후쿠오카현과 사가현에 걸쳐 있는 츠쿠시 평야는 규슈에서 거의 유일하게 쌀 재배와 사케 생산이 활발한 지역입니다. 이 지역을 대표하는 명문 양조장 중 하나인 야마구치 주조장과 그들의 명주 니와노우구이스를 소개합니다.

후쿠오카 대표 지자케, 니와노우구이스 토쿠베츠 쥰마이

야마구치 주조장은 후쿠오카현 쿠루메시에 있는 유서 깊은 양조장입니다. 1688년 초대 사장 야마구치 요우에몬이 '후루테야'라는 이름으로 헌 옷과 골동품을 판매하며 사업을 시작해 번창했고, 1832년에 정식으로 주조업 허가를 받아 오늘날의 양조장으로 성장했습니다. 현재는 11대 사장이 그 전통을 이어가고 있습니다.

니와노우구이스庭のうぐいす의 '니와'는 사전적으로는 '정원'을 뜻하지만, 우리말의 '뜰' 또는 '앞마당'에 가까운 의미입니다. 이 이름은 양조

장 근처 키타노텐만구 신사에서 양조장 앞뜰로 날아와 샘물을 마시던 꾀꼬리(우구이스)를 보고 지었다고 전해지며, '앞마당의 꾀꼬리' 정도로 해석할 수 있습니다.

니와노우구이스의 라벨에는 꾀꼬리가 두 가지 모습으로 그려져 있습니다. 이는 단순한 디자인 차이가 아닌 맛의 차이를 나타내는 것으로, 새의 머리가 왼쪽을 향한 라벨은 깊이 있는 맛의 쥰마이 계열을, 오른쪽을 향한 라벨은 화려한 맛의 긴죠 계열을 의미합니다.

니와노우구이스는 사케 양조에 독특한 고집이 있습니다. 규슈 최대의 강인 치쿠고가와의 물을 여과 없이 그대로 사용하며, 후쿠오카현 북부 이토시마산 야마다니시키 쌀을 주원료로 하여 사케의 품질을 특별하게 유지하고 있습니다.

최근에는 새로운 라인업 NINE을 출시해 큰 인기를 얻고 있습니다. NINE이란 이름은 규슈九州산 쌀과 일본 최고의 효모로 알려진 '협회 9호' 효모를 사용한 데서 유래했습니다. 이 사케는 정미 비율 35%로, 사케 애호가들이 꿈의 술이라 부르는 'YK35'의 조건을 완벽히 갖췄습니다. YK35는 야마다니시키(Y) 쌀과 협회 9호(K) 효모를 사용하고, 정미 비율 35%로 만드는 것을 뜻하며, 이는 전국 품평회에서 우수한 성적을 거두는 공식으로 알려져 있습니다.

규슈는 일본에서 주로 사케보다는 소주로 유명합니다. 오이타의 보리 소주와 가고시마의 고구마 소주가 대표적이지만, 규슈에서 사케를 즐기고 싶다면 니와노우구이스를 꼭 기억하시기 바랍니다.

후쿠오카현 쿠루메시 코라타이샤의 야경

　또한 양조장이 있는 후쿠오카현 쿠루메시에는 일반 관광 정보에 잘 알려지지 않은 숨은 야경 명소가 있습니다. 코라타이샤 신사에서 바라보는 야경이 매우 아름다우니, 방문할 기회가 있다면 놓치지 마시기 바랍니다.

　이상으로 도쿄, 오사카, 후쿠오카의 특색 있는 지자케를 소개해 드렸습니다. 각 지역만의 독특한 맛과 풍미를 지닌 사케들이 다양하니, 일본 여행 중에 기회가 된다면 꼭 한번 맛보시기 바랍니다.

# 친구야,
# 내가 한 잔 사케!
## : 친구에게 추천할 만한 사케

최근에 일본 여행을 다녀오면서 가까운 친구에게 선물하거나 추천하기 좋은 사케를 찾는 경우가 많아졌습니다. 술을 선물할 만큼 친한 친구라면 단순히 목으로 넘기는 술이 아닌 마음과 입맛을 사로잡을 특별한 이야기가 담긴 사케가 좋을 것 같습니다.

사케를 소개할 때마다 강조하게 되지만, 일본에서 사케를 구매할 때는 슈퍼마켓이나 편의점보다 전문 주판점에서 구매하는 것이 좋습니다. 다양한 종류가 구비되어 있어 더 좋은 선택이 가능하기 때문입니다.

선물용 사케를 고를 때는 받는 분의 특징이나 성향에 따라 다르게 선택하면 좋습니다. 상사에게는 유명 브랜드의 정통 사케를, 연인에게는 맛과 디자인이 조화로운 제품을, 친구에게는 흥미로운 스토리나 독

이바라키현 아이유 주조의 스기타마

특한 특징을 가진 임팩트 있는 사케가 어울립니다. 이러한 기준을 바탕으로 친구에게 추천하고 싶은 사케 다섯 가지를 골라 보았습니다.


### 격투가와의 인연이 담긴 우정의 사케, 키도

- **양조장**: 헤이와 주조

- **위치**: 와카야마현 카이난시


매실과 감귤로 유명한 오사카 남부 와카야마현에서 만들어지는 키도紀土, KID는 특별한 의미를 품고 있습니다. 지역의 옛 지명 '키이紀伊'와

키도

‘풍토風土’를 결합하여 작명된 ‘키도紀土’는 영문명으로는 ‘KID’라고 표기하고 ‘어린이와 함께 성장해 나가자’는 뜻을 담고 있습니다.

1927년 창업한 헤이와 주조는 2차 세계 대전 중 강제 휴업 등 어려움을 겪었습니다. 전후 평화를 염원하며 ‘평화’를 뜻하는 ‘헤이와平和’라는 이름으로 새 출발했고, 현재는 일본 5성급 제국 호텔의 대표 사케로 선정될 만큼 높은 평가를 받고 있습니다.

키도라는 이름에는 또 다른 이야기가 있습니다. 헤이와 주조의 야마모토 사장이 격투기 팬이었는데 유명 격투가 ‘야마모토 KID 노리후미’에게서 영감을 받았다는 설입니다. 두 사람은 야마모토라는 같은 성씨인데다 한 살 차이밖에 나지 않아 이러한 두 사람의 인연을 사케 이름에 담았다는 것입니다. 2018년 노리후미가 안타깝게 세상을 떠났지만, 그의 정신은 이 사케를 통해 이어지고 있습니다.

이처럼 키도는 고향에 대한 깊은 애정과 진한 남성미가 담긴 사케로, 친구에게 선물하기에 더없이 좋은 선택이 될 것입니다.

야마모토 KID 노리후미

## 슬램덩크의 추억이 깃든 정대만의 사케, 미이노코토부키

- **양조장:** 미이노코토부키 주조
- **위치:** 후쿠오카현 미이군 타치아라이마치

미이노코토부키三井の寿라는 이름은 옛 지명 '미이군三井郡'과 축복을 뜻하는 '코토부키寿'를 결합한 것으로, '미이 지역의 축복'이라는 의미를 담고 있습니다.

오랜 전통과 뛰어난 맛을 자랑하는 이 양조장은 2023년 슬램덩크 재개봉과 함께 '슬램덩크 사케' 혹은 '정대만 사케'로 알려지며 품절 대란을 일으켰습니다. 이 사케가 유명해진 계기는 슬램덩크의 작가 이노우에 타케히코와 깊은 인연 때문입니다. 작가가 이 사케를 좋아해 작품 속 3점 슈터 정대만(미츠이 히사시)의 이름을 여기서 따왔다고 합니다. 양조장은 이에 감사해 2013년 정대만의 유니폼을 모티브로 한 특별 라벨을 출시했고, 그의 등번호 14를 따서 니혼슈도와 알코올 도수를 14로 맞춘 특별한 사케를 선보였습니다.

이렇듯 농구라는 열정적인 스포츠와 깊은 인연을 맺은 미이노코토부키는 그 배경 스토리만으로도 친구에게 선물하기에 더할 나위 없는 사케라 할 수 있습니다.

미이노코토부키의 정대만 사케

## 아내를 향한 로맨틱한 사랑이 담긴 사케, 토요비진

- **양조장:** 스미카와 주조
- **위치:** 야마구치현 하기시

1921년 설립된 스미카와 주조장의 대표 브랜드 토요비진東洋美人은 '동양 최대의 미인'이라는 의미를 담고 있습니다. 수많은 '미인' 브랜드 중 가장 평가가 높은 이 사케에는 창업주가 세상을 떠난 아내를 그리워하며 지은 가슴 아픈 사랑 이야기가 담겨있습니다.

이토 히로부미, 타카스기 신사쿠 등 메이지 유신의 주역부터 전 아베 총리까지 수많은 정치인을 배출한 야마구치현의 하기시에서 만들어지는 이 사케는 2014년 SAKE COMPETITION 1위 수상과 여러 그랑프리 수상에 빛나는 명주입니다. 특히 2016년 러일 정상회담 만찬주로 선정된 쥰마이다이긴죠 이치방마토이가 특히 유명합니다.

'미인'이라는 단어가 들어가는 사케 / 출처: 이에노미 스타일



CHAPTER 04
핫한 사케지만 마실 때는 쿨하게

토요비진

　푸틴 대통령이 한 잔 마신 후 그 맛에 반해 술 이름을 되물었다는 일화가 있을 만큼 매력을 지닌 사케입니다. 2019년 JAL 퍼스트 클래스 제공주로 선정될 만큼 뛰어난 품질을 자랑하는 토요비진은, '미인'이라는 이름처럼 아름다운 맛과 로맨틱한 스토리를 지닌 사케입니다. 친구에게 이 사케를 선물하면서 브랜드에 담긴 가슴 따뜻한 이야기를 들려준다면 더없이 특별한 선물이 될 것입니다.

## 의리와 배려의 정신이 깃든 사케, 기쿄

- **양조장**: 야마츄혼케 주조
- **위치**: 아이치현 아이사이시

　1789년에 설립된 야마츄혼케 주조의 대표 브랜드 기쿄義侠는 의협심을 뜻하는 한자에서 이름을 따왔습니다. 무협 소설에서나 들을 법한 이 이름처럼 브랜드의 탄생 배경에도 의리와 협력의 정신이 깊이 담겨 있습니다.

　메이지 시대, 원재료 가격이 폭등했을 때도 양조장은 도매상과의 약속을 지키기 위해 기존 가격을 고수했습니다. 도매상에게도 소비자 가격을 올리지 말아 달라고 부탁했습니다. 이처럼 당장의 이익보다 신의를 택한 양조장의 모습에 감동한 도매상이 '의협義侠'이라는 이름을 선물했다고 합니다. 이 양조장의 세심한 마음 씀씀이는 포장 방식에서도 엿볼 수 있습니다. 전통적인 신문지 포장은 냉장 시설이 없던 시절에 품질 저하를 막기 위해 고안된 방법이지만, 흥미로운 점은 사케를 마시는 사람의 기분이 어두워지지 않도록 큰 사건이나 사고 등 부정적인 기사가 실린 신문은 의도적으로 사용하지 않는다고 합니다. 이는 사케를 즐기는 이의 기분까지 배려하는 그들의 세심한 정성을 보여 주는 것이죠.

기쿄 신문지 사케

　이처럼 작은 부분까지 의리와 배려의 정신을 실천하는 기쿄는 소중한 친구와 나누기에 더없이 의미 있는 선물이 될 것입니다.

## 반전 매력이 가득한 매혹적인 사케, 쿠도키죠즈

- **양조장**: 카메노이 주조
- **위치**: 야마가타현 츠루오카시

　쿠도키죠즈くどき上手라는 브랜드 이름부터 해석해 보겠습니다. '쿠도쿠口說く'는 주로 술자리에서 남성들의 구애를 의미하고, '죠즈上手'는 '능숙하다'는 뜻을 더해 '구애의 달인' 정도로 해석됩니다. 게다가 라벨에는 우키요에 스타일의 관능적인 여성 이미지를 사용해 일본에서도 종종 이런 의미로 받아들여지곤 합니다.

쿠도키죠즈라는 이름에는 의외의 깊은 뜻도 숨어 있습니다. 전국 시대의 영웅 토요토미 히데요시에게서 영감을 받은 이름으로, 무력 대신 진정성 있는 설득으로 상대의 마음을 얻어내는 지혜를 상징한다고 합니다. 마치 우리나라 서희 장군이 외교술로 강동 6주를 얻어낸 것처럼 폭력 대신 대화와 설득으로 성공을 이루는 진정한 리더십을 의미하는 것입니다.

1875년 설립된 카메노이 주조는 최근 사장의 아들이 이끄는 주니어 시리즈로도 화제를 모으고 있습니다. '코로나 빠가야로コロナの馬鹿野郎'와 같은 파격적인 이름과 화려한 디자인으로 젊은 층의 관심을 사로잡기도 했습니다. 결과적으로 쿠도키죠즈는 당초의 브랜딩 의도와 관계없이 남녀 간의 특별한 인연을 상징하는 브랜드로 자리매김했습니다.


이처럼 깊은 스토리를 지닌 이 사케들은 친구는 물론, 소중한 사람과 함께 나누며 이야기꽃을 피우기에 더없이 좋은 선물이 될 것입니다.

쿠도키죠즈의 라벨

쿠도키죠즈 주니어 라벨

# 영원히
# '사'랑할'케'
## : 연인과 함께 즐기기 좋은 사케

때론 백 마디 말보다 한 장의 사진이나, 한 잔에 담긴 향기가 더 강렬한 메시지를 전할 때가 있습니다. 연인과 나누는 사케는 긴 설명보다 아름다운 병의 모습과 은은한 향으로 마음을 전하는 것이 좋습니다. 굳이 하나하나 설명하지 않아도, 한 모금 마신 연인이 "정말 맛있다"라고 말한다면 이미 당신은 최고의 선택을 한 것입니다.

연인의 마음을 사로잡을 수 있는 특별한 다섯 가지 사케를 소개합니다.

### 첫 모금에 반하게 되는 매력적인 사케, 카메이즈미

- **양조장:** 카메이즈미 주조

카메이즈미亀泉는 여성들에게 추천했을 때 단 한 번도 실패하지 않은 특별한 사케입니다. 과일향이 감도는 섬세한 맛은 그야말로 예술적입니다. 여성들 사이에서 큰 인기를 얻고 있지만, 깔끔한 맛을 선호하는 남성들 사이에서는 호불호가 갈릴 수 있습니다. 부드러운 목넘김과 풍부한 향, 그리고 감미료를 넣은 듯하면서도 전혀 부담스럽지 않은 맛이 특징입니다.

재미있는 점은 라벨이 독특한 개성을 지녔다는 것입니다. 카메이즈미의 라벨은 앞뒤가 바뀐 듯한 디자인입니다.

카메이즈미 사케의 독특한 라벨

이 사케는 메이지 유신의 영웅 사카모토 료마의 고향이자, 가다랑어 낚시와 도사견으로 유명한 시코쿠 고치현의 카메이즈미 주조에서 빚어집니다. 이런 남성적인 지역성과는 대조적으로, 카메이즈미는 여성들의 마음을 사로잡는 매력적인 사케입니다. 카메이즈미만의 예술적인 맛은 CEL-24 효모에서 비롯됩니다. 이 특별한 효모가 만들어 내는 달콤하고 과일향 가득한 풍미는 마치 '사케로 만든 아이스와인'을 연상시킵니다. 특히 사케를 처음 접하는 분들과 여성분들께 자신 있게 추천드릴 수 있는 품격 있는 사케입니다.

## 하늘이 내려준 아름다움이라는 의미를 담은 사케, 텐비

- **양조장:** 쵸슈 주조
- **위치:** 야마구치현 시모노세키시 山口県 下関市

텐비天美는 야마구치현 시모노세키시에 자리한 쵸슈 주조의 대표 사케입니다. 이 양조장은 1871년에 설립된 코다마 주조의 전통을 이어받아 2018년 새롭게 문을 연 곳입니다.

'하늘이 내려 준 아름다움'이란 뜻의 텐비는 그 이름만으로도 여성스러운 감성이 느껴지는 사케입니다. 연인에게 "이 사케가 당신과 꼭 닮았다"는 말과 함께 건넨다면 첫 모금을 마시기 전부터 이미 그 매력에

텐비

취해 버릴지도 모릅니다.

 텐비를 만드는 쵸슈 주조의 모회사인 쵸슈 산업은 야마구치현의 태양광 발전 시스템 제조업체입니다. '텐비'라는 이름에는 벼를 키우는 태양과 일본 고대의 신 아마테라스의 의미가 깃들어 있어, '하늘의 은혜로 빚어낸 아름다운 술' 또는 '하늘이 키워 낸 아름다운 술'이라는 의미를 담고 있습니다.

 특별히 주목할 만한 점은 이 양조장의 책임자가 여성 양조가 후지오카 미키 씨였다는 것입니다. 도쿄 농대 시절 사케의 매력에 매료되어 양조가의 길을 선택한 그녀는 여러 양조장을 거쳐 쵸슈 주조에 입사했고, 텐비를 전국적인 명주로 키워 낸 주인공입니다. 그녀는 쵸슈 산업

의 '불퇴전의 결의不退転の決意'라는 창업 정신에 깊이 공감해 이곳을 선택했다고 합니다.

'불퇴전의 결의'는 우리의 임전무퇴와 비슷한 의미로, 한번 시작한 일은 끝까지 해내겠다는 강한 의지를 뜻합니다. 마음에 둔 여성에게 이 사케를 선물하면서 이런 흔들림 없는 마음가짐을 담아 이야기를 들려주는 것도 좋을 것 같습니다.


## 장수와 아름다움의 두 가지 의미를 품은 사케, 신슈키레이

- **양조장:** 오카자키 주조
- **위치:** 나가노현 우에다시


신슈키레이信州亀齢는 1665년에 설립된 유서 깊은 오카자키 주조의 대표 사케로 '일본의 알프스'라 불리는 나가노현의 자랑입니다. 나가노는 니가타에 이어 일본에서 두 번째로 많은 양조장이 있는 곳이자 전국에서 네 번째로 큰 현입니다.

이름에 담긴 신슈信州는 나가노현의 옛 이름이며, 키레이亀齢는 만년을 산다는 '거북이의 나이'라는 뜻입니다. 학은 천 년, 거북은 만 년이라는 일본 속담에서 따온 이름으로 장수와 건강을 상징합니다. 재미있게도 '키레이亀齢'를 '綺麗'라는 한자로 쓰면 '아름답고 예쁘다'는 뜻이 되어, 발음만으로는 '예쁜 술'로도 해석할 수 있습니다.

신슈키레이

　신슈키레이는 2016년 NHK 대하드라마 '사나다마루' 방영을 계기로 전국적 명성을 얻게 되었습니다. 드라마의 인기로 나가노현 우에다시를 찾는 관광객이 늘어나면서 이 지역의 대표 사케인 신슈키레이도 자연스럽게 주목받기 시작했습니다.

　특히 이 사케는 여성과 특별한 인연이 있습니다. 현재 양조 책임자는 사장 오카자키 켄이치 씨의 아내인 오카자키 미도리 씨로, 그녀의 뛰어난 양조 기술은 나가노현 80여 개의 양조장 중 신슈키레이를 최고의 자리에 올려놓았습니다.

## 놀라운 달콤함을 자랑하는 사케, 세키젠

- **양조장:** 니시이이다 주조점
- **위치:** 나가노현 나가노시

사케는 처음 접하는 사람에게는 다소 부담스러울 수 있습니다. 소주와 비슷한 알코올 도수지만, 독특한 주질 때문에 첫 만남부터 매력을 느끼기는 쉽지 않기 때문입니다.

하지만 세키젠積善은 다릅니다. 사케를 처음 접하는 분이나 여성들에게 자신 있게 추천할 수 있는 특별한 사케입니다. 디저트 와인이나 아이스 와인을 연상시키는 달콤하고 상쾌한 맛이 매력적이어서, 단 한 잔으로도 사케의 매력에 빠져들게 만듭니다. 마치 아이스 와인이 와

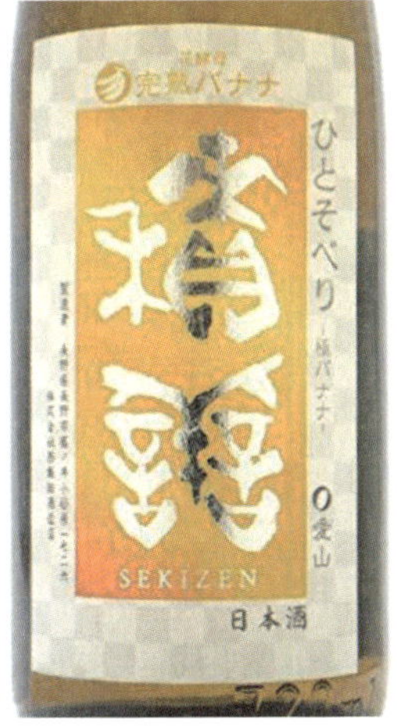

세키젠 칸쥬쿠바나나

인의 세계로 이끄는 길잡이가 되듯, 세키젠은 사케의 세계로 안내하는 특별한 안내자가 될 것입니다.

세키젠만의 매혹적인 달콤함은 특별한 효모에서 비롯됩니다. 인공 향료가 아닌, 완숙 바나나, 덩굴장미, 철쭉, 사과, 코스모스 등 10종 이상의 꽃 효모를 특수 개발해 사용하는 것이 이 사케의 비밀입니다. 니시이이다 주조는 세키젠의 가치를 지키기 위해 연간 생산량을 180석으로 제한하고 있습니다. 이처럼 희소성이 높은 프리미엄 사케임에도 가격은 의외로 합리적이지만, 구하기는 쉽지 않습니다.

고급 향수를 연상시키는 매혹적인 향기는 꽃 효모만의 특별한 매력이며, 이는 일반 사케와는 확연히 구분되는 세키젠만의 특징입니다. 이런 독특한 매력은 사케의 세계로 향하는 특별한 초대장이 될 것입니다.


**일본 3대 미인의 고장에서 탄생한 명주, 란만**

- **양조장:** 아키타메이죠
- **위치:** 아키타현 유자와시


아키타는 하카타, 교토와 함께 일본의 3대 미인 지역으로 손꼽힙니다. 독특한 기후와 문화, 전통적으로 미인이 많기로 유명한 이곳에서, 그 아름다움을 사케에 담아낸 것이 란만爛漫입니다.

'란만'이라는 이름은 '꽃이 만발하여 환하게 피어난 모습'을 뜻하며, 우리말의 '천진난만'에서 사용되는 난만爛漫과 같은 의미를 담고 있습니다. 이 이름은 마시는 이의 마음에 늘 행복이 가득하기를 바라는 마음을 담아 공모를 통해 선정되었다고 합니다. 소중한 연인을 위한 선물로 이보다 더 어울리는 사케는 없을 것입니다.

카오리란만

란만의 정식 명칭은 '미주美酒 란만'으로, '아름다운 술'이라는 의미가 더해져 그 가치를 한층 높여 줍니다. 특히 최근에는 '향기로운 란만'이라는 뜻의 '카오리란만' 라인업이 주목받고 있는데, 이름 그대로 풍부한 향이 특징인 프리미엄 제품입니다.

라벨 디자인은 아키타 유자와의 풍요로운 자연을 섬세하고 부드러운 선으로 표현했습니다. 은은한 내추럴 컬러의 배경에 마치 꽃병에 꽃이 꽂혀 있는 듯한 우아한 디자인이 특징이며, 이 아름다운 병은 놓인 자리마저 화사하게 밝혀 줍니다.

이 특별한 다섯 가지 사케는 마시기 전부터 연인의 마음을 설레게 할 것입니다. 아름다운 이야기를 품은 병 하나하나가 전하는 감성적인 메시지는 단순한 술 한 잔 그 이상의 의미가 될 것입니다. 함께 나누는 사케 한 잔에 담긴 특별한 순간이, 서로의 마음을 이어 주는 가장 완벽한 페어링이 되어 주길 바랍니다.

# 일본 출장
# 잘 다녀왔습니다!
## : 상사를 위한 품격 있는 사케 선물

해외 출장 후에는 상사에게 인사와 함께 작은 선물을 전하는 것이 좋습니다. 보통은 위스키를 선택하지만 비용 부담이 크다는 단점이 있습니다. 일본 출장이라면 알코올 도수가 낮고 가성비 좋은 사케가 훌륭한 대안이 될 수 있습니다.

사케를 선물하며 "가족과 함께 즐기시라"는 마음을 전한다면 더욱 뜻깊은 선물이 될 것입니다. 위스키와 달리 사케는 와인처럼 부부가 함께 즐기기에 좋은 술이기 때문입니다.

출장의 완성이자 귀국 인사로 상사에게 선물하기 좋은 품격 있는 사케를 소개해 드리겠습니다.

## 와인처럼 세련된 프리미엄 사케, 카모시비토 쿠헤이지

- **양조장:** 반죠 양조
- **소재지:** 아이치현 나고야시

카모시비토 쿠헤이지는 와인과 유사한 라벨로 미슐랭 가이드에 등재될 만큼 최정상급 프리미엄 사케로 평가받고 있는 사케입니다. '카모시비토 쿠헤이지'는 '카모시비토(술을 빚는 사람)'와 '쿠헤이지(양조장 주인의 이름)'의 합성어로, 일반적으로 '쿠헤이지'로 통합니다.

1647년에 설립된 반죠 양조는 15대에 걸쳐 가업을 이어 오고 있으며, 대대로 '九平次'라는 이름으로 최고급 사케를 생산해 왔습니다. 이 전통과 명성을 브랜드명에도 반영하고 있습니다. 일본 최고의 사케 TOP 10에 손꼽힐 만한 뛰어난 품질을 자랑하지만, 유명 브랜드가 많은 시장에서 상대적으로 덜 알려진 숨은 명주라 할 수 있습니다.

1997년 혁신적인 양조 방식으로 등장한 '쿠헤이지'는 우아하고 품격 있는 이미지로 사케 업계의 주목을 받았습니다. 화이트와인으로도 분류될 만큼 와인과 유사한 특징을 지녀, 프랑스 요리와의 궁합이 뛰어나고 와인글라스로 즐기기에 적합해 유럽에서 특히 인기가 높습니다.

카모시비토 쿠헤이지

파리의 미슐랭 3스타 레스토랑에서 극찬을 받은 후, 일본에서도 역수입이 되기 시작해 그 명성이 널리 퍼졌습니다. 또한 다채로운 제품 라인업과 세련된 병 디자인, 독특한 네이밍 등 브랜드 전반의 아이덴티티가 돋보입니다.

2016년에는 프랑스 부르고뉴의 모헤 셍 드니Morey-Saint Denis에 '도멘 쿠헤이지Domaine Kuheiji'를 설립하여 와인 양조까지 영역을 확장했습니다. 현재 쿠헤이지의 제품군은 프랑스어로 명명된 6개 라인으로 구성되어 있습니다.


- Origine

- Collection

- Désir et Sauvage

- Découverte

- La saison

- Flagship


## 영광스러운 후지산처럼 높은 인연을 상징하는 에이코후지

- **양조장:** 후지 주조

- **소재지:** 야마가타현 츠루오카시

에이코후지

에이코후지榮光富士는 한자로 '영광스러운 후지산', 영어로는 'GLORIOUS MT. FUJI'로 표기되는 일본 사케의 대명사입니다. 닷사이, 타테노카와와 같이 최고급 쥰마이다이긴죠만을 생산하는 프리미엄 브랜드로서 명성을 얻고 있습니다.

이 사케가 특별한 이유는 뛰어난 품질뿐만 아니라 독특한 유통 특성에 있습니다. 일반적으로 고급 사케는 슈퍼마켓이나 편의점에서 구하기 어렵다는 것이 전문가들의 중론입니다. 그러나 에이코후지는 출하 시기에 맞춰 교외 대형 슈퍼마켓에서 간혹 만날 수 있는 희소한 기회가 있습니다. 때문에 발견하면 즉시 구매해야 하는, 놓치기 아까운 프리미엄 사케입니다.

에이코후지는 1778년 야마가타현에서 시작된 전통 있는 양조장입니다. 현재의 명성은 13대 사장 카토 아리요시 대표의 혁신적인 경영에서 비롯되었습니다. 그는 대기업들만의 영역이던 사계절 양조를 과감히 도입하고, 2012년부터 무여과 생원주 시리즈를 적극 개발하는 등 혁신을 주도했습니다. 이러한 도전 정신으로 작은 양조장은 급성장하며 젊고 참신한 브랜드로 자리매김했습니다.

에이코후지의 제품명은 일반 양조장과 달리 GRAVITY, THE PLATINUM, SHOOTING STAR, LEAP YEAR 등 트렌디하고 감각적인 것이 특징입니다. 이 젊고 역동적인 이미지의 에이코후지는 '상사

님과의 인연이 후지산처럼 높고 영광스럽습니다'라는 의미를 담아 선물하면 깊은 인상을 남길 수 있는 특별한 사케입니다.


## 쿠보타를 능가한 뛰어난 품질의 화찰주, 카모니시키

- **양조장:** 카모니시키 주조
- **소재지:** 니가타현 카모시


제조업이나 물류업에서는 화물의 식별 표시로 화찰을 사용합니다. 사람의 명찰과 같이 화물의 고유 정보를 붙여서 구별하는데, 카모니시키加茂錦는 화물 식별용 태그인 화찰을 라벨로 사용해 독특한 개성을 드러냈습니다. 실제로 이 사케는 브랜드명인 '카모니시키'보다 '화찰주(니후다자케)'라는 애칭으로 더 널리 알려져 있습니다.

1893년 설립된 카모니시키 주조는 2016년 '니후다자케'라는 이름으로 새롭게 출시되어 큰 반향을 일으켰습니다. 특히 일본 최고의 쌀 산지인 니가타현에서 명문 브랜드 쿠보타를 제치고 1위에 오르며, 뛰어난 품질과 독보적인 위상을 인정받았습니다.

카모니시키의 독특한 화찰형 라벨에는 정미 비율, 양조 일자, 사용된 주조호적미 종류는 물론, 15개의

카모니시키

발효 탱크 중 해당 제품이 생산된 탱크 번호까지 상세하게 표기되어 있습니다. 이러한 철저한 정보 공개는 브랜드의 투명성과 자신감을 보여주는 상징이 되었습니다.

사케 애호가들 사이에서 카모니시키는 이런 투명한 정보 공개 정신과 더불어, 일반적인 사케의 수준을 뛰어넘는 뛰어난 맛으로 높은 평가를 받고 있습니다. 특히 제조업이나 물류 분야 종사자에게는 화물 태그를 연상시키는 독특한 라벨 디자인이 업무적 친근감까지 더해줘 의미 있는 선물이 될 수 있습니다.

## 일본 사케의 발상지에서 빚어낸 정통 사케, 미무로스기

- **양조장:** 이마니시 주조
- **소재지:** 나라현 사쿠라이시奈良県 桜井市

나라현 미와는 일본 문화의 발상지로써 국가의 시작과 불교 전래, 스모의 탄생 등 역사적으로 중요한 의미를 지닌 곳입니다. 특히 신의 계시로 나라를 구하기 위해 술을 빚기 시작했다는 전설이 전해져 이곳은 사케의 성지로 여겨지고 있습니다.

일본 최고最古의 신사인 오미와 신사는 일반적인 신사와 달리 미와야마 산 자체를 신체神体로 모시는 독특한 특징을 지니고 있습니다. 매년 11월 14일에 전국의 양조장 사장들과 양조 책임자(토지)들이 모여 그

해의 성공적인 양조를 기원하는 제사를 지내며, 제사
후에는 각 양조장의 신주新酒 출시를 알리는 스기타마
를 하사받습니다.

미무로스기みむろ杉는 1660년에 설립된 이마니시 주
조의 대표 사케입니다. 그 이름은 미와야마의 옛 지명
인 '미무로야마'와 삼나무를 뜻하는 '스기'를 결합한
것으로, 술의 신이 삼나무에 깃들어 있다는 의미를 담
고 있어 사케의 근원을 상징적으로 보여 줍니다.

360여 년의 역사를 자랑하는 이 사케는 단순히 역
사적 가치만이 아닌, 현재 나라현에서 카제노모리에 이어 2위를 차지
할 만큼 뛰어난 품질을 인정받고 있습니다. 선물용으로 추천할 때는
'일본 사케의 발상지에서 빚어낸 정통 사케의 맛을 느낄 수 있는 명주'
라는 점을 강조하면 그 가치와 의미가 더욱 깊어질 것입니다.

미무로스기

## 이상적인 균형과 도전 정신을 담은 사케, 니토

- **양조장**: 마루이시 양조
- **소재지**: 아이치현 오카자키시

니토二兎는 일본 속담 '두 마리 토끼를 쫓으면 한 마리도 잡을 수 없
다'를 뒤집은 발상에서 탄생한 사케입니다. 이름 그대로 '두 마리 토끼'

니토

를 의미하며, 두 마리 토끼를 쫓는 자만이 두 마리 토끼를 다 잡을 수 있다며 양립하기 어려운 두 가지 가치를 동시에 추구하겠다는 강한 의지가 담겨 있습니다.

평범한 것에 안주하지 않고 더 높은 곳을 향해 나아가려는 진취적 정신을 상징하는 이러한 도전적인 브랜드 철학은 1690년에 설립된 마루이시 양조에 의해 탄생되었습니다. 마루이시 양조장은 도쿠가와 이에야스의 고향인 아이치현 오카자키시에 위치해 있으며, 330년을 뛰어넘는 역사를 자랑하는 전통 있는 양조장입니다. '도쿠가와 이에야스'와 '미카와부시' 등 지역성이 돋보이는 다양한 제품군을 보유하고 있습니다.

니토는 상반된 특성들을 완벽하게 조화시킨 사케입니다. 맛과 향, 산미와 감칠맛, 무거움과 가벼움, 아마구치와 카라구치, 첫맛과 끝맛, 복잡함과 깔끔함 등 서로 상충하는 요소들을 모두 균형 있게 표현해 낸 뛰어난 밸런스가 특징입니다.

이 사케에 '회사와 가정 모두에서 인정받고, 상사와 부하 직원 모두에게 사랑받는 균형 잡힌 삶을 기원합니다'라는 메시지를 담아 선물하면 두 마리 토끼를 모두 잡겠다는 브랜드의 철학을 함께 전할 수 있습니다.

이제부터 출장 선물로 흔히 선택하는 평범한 위스키 대신 추천 드린 사케를 준비해 보세요. 각각의 사케에 담긴 독특한 스토리와 의미를 함께 전달한다면 비용 대비 훨씬 더 깊은 인상을 남기는 선물이 될 것 입니다.

# 쿠보타와 닷사이를 넘어서는
# 사케의 세계
# BEST TOP 10 사케

일본 사케는 단순한 전통주를 넘어 현대 미식 문화의 중심에 자리하여 세계적으로 사랑받고 있습니다. 각 사케에 담긴 철학과 장인 정신은 일본 문화의 정수를 느끼게 하며, 그 고유한 매력으로 많은 이들의 마음을 사로잡고 있습니다.

사케 붐이 일기 전부터 꾸준히 최고의 자리를 지켜온 쿠보타, 그리고 일본보다 해외에서 더 큰 인기를 끌며 면세점에서 빠짐없이 만나볼 수 있는 닷사이를 넘어선 명주를 이번 BEST TOP 10에서 소개합니다.

이 리스트에 선정된 사케들은 각 지역의 풍토와 전통을 반영하며, 양조장마다 고유한 방식과 철학으로 독창적인 주질을 완성해 왔습니다. 일본 전역의 다양한 기후와 토양에서 재배된 쌀, 대대로 이어져 온 양조 기법, 그리고 양조자들의 열정이 어우러져 일본 사케가 세계적으로 인정받는 이유를 잘 보여줍니다.

BEST TOP 10 리스트는 개인적인 주관이나 판매자 기준이 아닌, 사케노와 사이트의 2024년 5월 AI 분석 데이터를 기반으로 선정되었습니다. 물론 일부 사케는 해외에서의 선호도가 높거나 유통량 제한, 랭킹 포함 거부 등의 이유로 이 순위를 절대적인 기준으로 보기는 어렵지만, 사케 애호가와 입문자 모두에게 흥미로운 선택이 될 것입니다.

이제 한 잔의 사케를 마실 때, 그 속에 담긴 일본의 역사와 문화, 그리고 양조장의 개성까지 함께 음미해 보세요. 사케의 세계는 단순한 맛 이상을 경험하게 해줄 것입니다.

# BEST TOP 10. 사가현 – 나베시마

조선 도공 이삼평의 숨결이 깃든 사가현의 대표 명주, 나베시마鍋島는 깊은 역사와 함께 현대적 감각을 더해 사랑받고 있습니다.

- **양조장:** 후쿠치요 주조

- **위치:** 사가현 카시마시

- **특징:** 나베시마 가문의 이름에서 유래된 이 사케 양조장은 일본 최초로 양조장에서 숙박이 가능한 오베르쥬 시스템을 도입한 것이 특징입니다. 1923년에 설립된 비교적 젊은 양조장이지만, 창립 당시의 브랜드 '이즈미 니시키'를 거쳐 2002년 국제 사케 축제에서 1위를 차지하며 명성을 쌓았습니다. 이후 7년 연속 전국 신주 감평회 금상을 수상하며 품질과 명성을 입증한 프리미엄 사케를 선보이고 있습니다.

# BEST TOP 9. 후쿠시마현 – 샤라쿠

쥬욘다이의 모티브가 된 사케, 샤라쿠寫樂는 은은한 감칠맛과 산미가 완벽한 조화를 이루는 깔끔한 주질로 많은 사랑을 받고 있습니다.

- **양조장:** 미야이즈미 메이죠
- **위치:** 후쿠시마현 아이즈와카마츠시
- **특징:** 후쿠시마현의 대표 명주인 샤라쿠는 에도 시대 전설적인 우키요에 화가 '토슈사이 샤라쿠'에서 이름을 따와 예술적 감각과 전통을 담아냅니다. 특히 코텐샤라쿠에서 시작해 쥬욘다이, 히로키, 그리고 샤라쿠로 이어지는 전설적인 사케 계보를 완성하는 브랜드로 주목받고 있습니다. 전국적으로 유통되는 샤라쿠 외에도 지역 한정으로 판매되는 미야이즈미가 있는데 연간 생산량이 150석에 불과해 희소가치를 더합니다. 1955년 창업 이후로 분가 전의 역사를 포함하면 300년 이상의 전통을 자랑하며, 가장 많은 금상 수상 양조장을 배출한 후쿠시마현에서 1위를 차지하는 명가의 위상을 이어가고 있습니다.

# BEST TOP 8. 도치기현 – 호오비덴

도쿄에서 가장 가까운 명주 중 하나로 꼽히는 호오비덴鳳凰美田은 전통 방식과 현대적 감각이 어우러진 사케입니다.

- **양조장:** 고바야시 주조
- **위치:** 도치기현 오야마시
- **특징:** '봉황이 있는 아름다운 논'이라는 뜻의 이름을 가진 호오비덴은 가마솥 찜과 손수 압착 등 기계에 의존하지 않는 전통 방식을 고수하며 높은 품질을 자랑합니다. 와인 효모를 활용한 양조법과 다양한 혼성주를 포함한 풍부한 라인업으로 주목받고 있으며, 일본의 대표적인 수학여행지로 알려진 닛코 지역의 천혜 자연환경에서 생산됩니다. 1872년에 창업한 이 양조장은 도쿄에서 불과 한 시간 거리에 위치해 접근성이 뛰어나며, 모든 제품을 프리미엄 긴조급 이상으로만 생산해 품질을 유지하고 있습니다. 또한, 경영 위기를 과감히 극복하며 성공적으로 재도약한 사례로 평가받고 있습니다.

# BEST TOP 7. 아오모리현 – 덴슈

'아무것도 없는 곳'으로 여겨지는 척박한 땅 아오모리에서 탄생한 덴슈田酒는 그 자체로 빛나는 명주입니다.

- **양조장:** 니시다 주조
- **위치:** 아오모리현 아오모리시
- **특징:** 덴슈는 양조 알코올을 첨가하지 않고, 오직 쌀로만 빚은 쥰마이슈를 전문으로 생산하는 명가입니다. 난독 브랜드의 대명사로 불리는 이 사케는 1878년 창립된 아오모리시의 유일한 양조장에서 제조되며, 키쿠이즈미, 우토우, 소토가하마와 같은 자매 브랜드와 함께 주목받고 있습니다. 또한, 호하이, 무츠핫센과 더불어 아오모리 3대 명주로 손꼽히며, 코로나 시기를 제외하고는 매년 전국 신주 감평회에서 금상을 수상하며 품질을 입증하고 있습니다.

# BEST TOP 6. 미에현 – 자쿠

이름처럼 자꾸 생각나는 매력적인 사케, 자쿠作는 그 특별한 맛과 이야기를 담아 세계적으로 사랑받는 명주입니다.

- **양조장:** 시미즈 세이사부로 쇼텐
- **위치:** 미에현 스즈카시
- **특징:** 일본인의 정신적 성지로 불리는 이세신궁이 있는 미에현의 대표 사케로, 자쿠는 전 라인업을 열처리하여 보다 저렴하고 폭넓은 유통이 가능합니다. '맛있는 술의 나라'로 잘 알려진 미에현 스즈카에서 생산된 이 사케는 국내외 거의 모든 콘테스트에서 입상하며 품질을 입증받았습니다. 재미있는 배경으로, 사장의 '기동전사 건담' 팬심이 반영돼 라이벌인 자쿠에서 영감을 얻어 이름을 지었다는 설이 있으며, '술을 빚는 사람과 마시는 사람이 함께 만들어 가는 술'이라는 철학에서 작명이 이루어졌습니다.

# BEST TOP 5. 도치기현 – 센킨

쌀 재배부터 최종 출하까지 모든 과정을 한 곳에서 이루어내는 완벽한 도멘화로
주목받는 센킨仙禽은 전통과 현대를 아우르는 명주입니다.

- **양조장:** 센킨
- **위치:** 도치기현 사쿠라시
- **특징:** 센킨은 쌀 재배부터 최종 출하까지 모든 과정을 자체적으로 관리하
  는 도멘화를 통해 높은 품질을 유지하고 있습니다. 이름은 신선仙을 섬기던
  새禽라는 학禽을 의미하며, Nature, Modern, Classic, Premium 등 주요 라인
  업을 통해 다양한 취향을 만족시키고 있습니다. 매년 전국 신주 감평회와
  SAKE COMPETITION에서 금상을 수상하며 그 품질을 입증받고 있으며,
  유명 패션 브랜드 UNITED ARROWS와의 협업은 전통과 현대를 결합한
  새로운 시도로 주목받았습니다. 최근 출시된 '유키다루마(눈사람)' 제품은
  달콤하면서도 독특한 맛으로 큰 인기를 끌고 있습니다.

# BEST TOP 4. 나라현 – 카제노모리

사케의 발상지로 불리는 나라현에서 탄생한 카제노모리風の森는 식용 쌀로 빚은 독특한 양조 철학을 담아낸 명주입니다.

- **양조장:** 유쵸 주조
- **위치:** 나라현 고세시
- **특징:** 카제노모리는 1719년에 나라현 고세시의 카제노모리 고개 인근에 창립된 양조장으로, 초기에는 기름을 생산하다가 타카쵸라는 브랜드명으로 양조장으로 전환한 독특한 역사를 가지고 있습니다. 라벨의 첫 두 자리 숫자는 정미 비율을, 마지막 숫자 7은 7호 효모를 의미하며, 이 세부적인 정보가 사케의 개성을 드러냅니다. 비열처리 사케를 현지 주민들에게 제공하고자 한 계기가 전국적인 나마자케 열풍을 일으켰으며, 철저히 쥰마이슈, 무여과, 무가수, 비열처리 방식만을 고수하는 양조 철학을 자랑합니다. 이 모든 특징이 어우러져 사케 애호가들 사이에서 독보적인 명성을 얻고 있습니다.

# BEST TOP 3. 야마가타현 – 쥬욘다이

최근 사케 붐을 이끌어낸 쥬욘다이十四代는 전설적인 명성으로 사케 애호가들에게 절대적인 사랑을 받고 있는 명주입니다.

- **양조장:** 타카기 주조
- **위치:** 야마가타현 무라야마시
- **특징:** 쥬욘다이는 샤라쿠에서 영감을 받아 탄생했으며, 이후 수많은 사케의 모티브가 된 전설적인 브랜드로 자리 잡았습니다. 빈 병이 10만 원 이상의 가치를 가질 정도로 환상적인 사케로 평가받고 있습니다. 1615년에 창립되어 현재 15대에 걸쳐 양조를 이어온, 400년 이상의 역사를 자랑하는 노포 양조장으로, 자체 개발한 주조호적미인 사케미라이, 타츠노오토시고, 우슈호마레를 사용해 독창적인 맛을 구현합니다. 원래는 등록되지 못할 브랜드였으나, 특허청 담당자의 실수로 등록된 독특한 뒷이야기로도 유명합니다. 참고로, 같은 이름의 고치현 타카기 주조와는 전혀 관련이 없습니다.

# BEST TOP 2. 미에현 - 지콘

과거와 미래에 얽매이지 않고, 바로 지금 최선을 다한다는 철학을 담은 지콘<sup>而今</sup>은 그 자체로 특별한 사케입니다.

- **양조장:** 키야쇼 주조
- **위치:** 미에현 나바리시
- **특징:** 지콘은 수작업 공정을 고수하며, 각 단계에서 최고의 품질을 추구하는 깊은 고민과 노력을 담아냅니다. 닌자로 유명한 마을에서 양조된 이 사케는 소리 없이 다가오는 향과 깊은 맛으로 독특한 매력을 전합니다. 1818년 창립된 이후 연간 120석만 생산하는 희소 고급 사케로, 그 희귀성만으로도 많은 사랑을 받고 있습니다. '지콘'이라는 이름은 과거와 미래에 얽매이지 않고 현재에 최선을 다한다는 뜻의 불교 용어에서 유래되었으며, 세부 정보를 비공개로 유지해 베일에 싸인 신비로움을 간직하고 있습니다. 세부 라인업보다는 브랜드 자체가 최고급 명주로 평가받으며, 사케 애호가들에게 깊은 인상을 남깁니다.

최고를 넘어 전설로 기억될 사케, 아라마사新政는 그 명성과 품질로 사케 역사의 중심에 우뚝 서 있습니다.

- **양조장:** 아라마사 주조
- **위치:** 아키타현 아키타시
- **특징:** 아라마사는 서일본에서 동일본으로 사케의 중심을 이끈 6호 효모의 발상지로, 사케 역사에 한 획을 그은 명주입니다. No. 6, Colors, PRIVATE LAB이라는 꿈의 라인업으로 전 세계 사케 애호가들의 사랑을 받고 있으며, 한국 드라마 '아이리스' 촬영지로 알려진 아키타현의 자랑스러운 명주입니다. 이름은 사이고 다카모리의 슬로건 '신정후덕新政厚德'에서 유래되어 깊은 철학적 의미를 담고 있습니다. 또한, 현지 농가와 협력해 무농약, 무화학 비료 쌀을 사용함으로써 쌀의 순수함을 극대화하고 지역 유대를 강화하고 있습니다. 1940년에는 전국 1만 개 양조장 중 1위를 차지하며 명성을 확고히 했습니다.

본문에서 일일이 설명하기 어려운 용어나, 언급되었으나 다시 설명이 필요한 용어들을 간략하게 정리했습니다. 같은 표현인데 단어가 다른 경우는 중복해서 표기했으므로 참고 바랍니다.

# 사케 용어 정리

**겐슈 = 원주(原酒):** 사케가 완성된 후 물을 첨가하지 않은 원액

**경수 = 코스이(硬水):** 미네랄 함량이 높은 물

**고(合):** 부피 단위(180cc). 샤쿠(勺, 18cc) → 고(合, 180cc) → 쇼(升, 1.8ℓ) → 토(斗, 18ℓ) → 고쿠(石, 180ℓ)

**고주 = 코슈(古酒):** 장기간 숙성시킨 사케

**고쿠(石):** 부피 단위(180ℓ). 샤쿠(勺, 18cc) → 고(合, 180cc) → 쇼(升, 1.8ℓ) → 토(斗, 18ℓ) → 고쿠(石, 180ℓ)

**고햐쿠만고쿠(五百万石):** 니가타가 원산지인 추위에 강한 주조호적미 품종

**구이노미(ぐい飲み):** 몇 모금으로 마실 수 있는 작은 잔. 오쵸코보다는 조금 큰 잔

**귀양주 = 키죠슈(貴醸酒):** 물 대신 사케를 넣어 발효시킨 사케

**긴죠(吟醸):** 특정 명칭주 중에서 양조 알코올을 배합한 정미 비율 60% 이하의 사케



**나마자케(生酒):** 사케를 짜낸 후 두 번의 열처리를 모두 하지 않은 사케

**나마쵸조(生貯蔵):** 사케를 짜낸 후 병입 시에만 열처리를 한 사케

**나마츠메(生詰め):** 사케를 짜낸 직후 열처리를 하고 병입 시에는 열처리하지 않은 사케

**나츠자케(夏酒):** 여름을 겨냥해서 출시되는 차게 해서 마시는 사케

**나카도리(中取リ) = 나카구미(中汲み) = 나카다레(中垂れ):** 사케를 짜낼 때 가장 안정적인 맛을 내는 중간층의 사케. **아라바시리:** 맨 처음 나오는 신선하지만 거친 사케, **세메:** 맨 마지막에 나오는 잡미가 많고 맛이 복잡한 사케

**난스이 = 연수(軟水):** 미네랄 함량이 적은 물

**누루칸(ぬる燗):** 40℃ 정도의 미지근한 사케로 이 온도대에서 알코올이 체내에 가장 빠르게 흡수됨

**누룩 = 코우지(麹, 糀):** 술을 만드는 효소를 가진 곰팡이를 곡류에 번식시킨 것

**니고리자케(にごり酒):** 술덧(모로미)을 짜낸 후 거를 때 일부러 거친 천을 사용해 침전물을 일부 남기는 사케



**다이긴죠(大吟醸):** 특정 명칭주 중에서 양조 알코올을 배합한 정미 비율 50% 이하의 사케

**데와산산(出羽燦々):** 야마가타에서만 재배되는 추위에 강한 주조호적미 품종

**도부로쿠(どぶろく):** 술덧(모로미)을 짜낸 후 거르는 작업을 하지 않은 사케. 주세법상 청주에 해당하지 않고 '기타 양조주'(その他の醸造酒)에 해당됨

**도정 비율 = 정미보합(精米歩合) = 정미 비율 = 정미율:** 쌀을 정미하고 남은 비율. 숫자가 낮을수록 정미율이 높은 고급 사케

**도쿠리 = 돗쿠리 = 토쿠리(德利):** 사케를 담기 위한 목이 가늘고 긴 술병


## ㄹ

**레이슈(冷酒):** 차게해서 마시는 사케
**로카(濾過):** 여과


## ㅁ

**마스(升):** 주로 나무로 만들어졌으며 술을 담는 1.8ℓ의 사각형 용기
**모로미(醪) = 술덧:** 주모에 물과 찐 쌀과 누룩이 더해져 발효가 완성된 거르기 전의 술
**무로카(無濾過):** 무여과
**미야마니시키(美山錦):** 나가노에서 개발된 추위에 강한 주조호적미 품종


## ㅂ

**빙즈메 = 빈즈메(瓶詰め):** 병입


## ㅅ

**상조 = 죠소(上槽) = 시보리(搾リ):** 술덧(모로미)을 짜내어서 사케와 술지게미를 분리하는 작업
**샤쿠(勺):** 부피 단위(18cc). 샤쿠(勺, 18cc) → 고(合, 180cc) → 쇼(升, 1.8ℓ) → 토(斗, 18ℓ) → 고쿠(石, 180ℓ)
**세메(責め):** 사케를 짜낼 때, 가장 마지막에 나오는 잡미가 많고 맛이 복잡한 사케. **아라바시리:** 맨처음 나오는 신선하지만 거친 사케. **나카도리:** 가장 밸런스가 좋은 안정적인 중간 층의 사케
**쇼(升):** 부피 단위(1.8ℓ). 샤쿠(勺, 18cc) → 고(合, 180cc) → 쇼(升, 1.8ℓ) → 토(斗, 18ℓ) → 고쿠(石, 180ℓ)
**술덧 = 모로미(醪):** 주모에 물과 찐 쌀과 누룩이 더해져 발효가 완성된 거르기 전의 술
**술밑 = 주모:** 발효 공정에 들어가기 전에 효모를 배양해 대량으로 증식시킨 것
**스즈비에(涼冷え):** 섭씨 15℃로 냉장고에서 꺼낸 뒤 상온에서 10분 정도 지난 정도의 온도의 사케
**시보리(搾リ) = 상조 = 죠소(上槽):** 술덧(모로미)을 짜내어서 사케와 술지게미를 분리하는 작업
**시즈쿠토리(雫取リ) = 토빙카코이(斗瓶囲い):** 사케를 짜낼 때 기계로 무리한 힘을 주지 않고 술주머니에 술덧을 담아서 자연스럽게 떨어지는 술의 물방울을 담은 사케
**신주(新酒):** 새로 출하된 그 해의 사케. 주세법상으로는 7월 1일부터 다음 해 6월 30일까지의 주조 연도 내에 만들어져 출하된 일본 술

**아라바시리(あらばしり):** 사케를 짜낼 때 가장 처음 나오는 신선하지만 거친 사케. **나카도리:** 가장 밸런스가 좋은 안정적인 중간 층의 사케. **세메:** 맨 마지막에 나오는 잡미가 많고 맛이 복잡한 사케

**아이야마(愛山):** 효고가 원산지인 주조호적미 품종. 알갱이가 크고 물에 잘 녹아 농후한 맛이 특징

**아츠칸(熱燗) = 칸자케(燗酒):** 데워 마시는 사케

**야마하이(山廃):** 주모를 만들 때 인공 유산균이 아닌 천연 유산균을 넣는 전통적 키모토 제조 방식에서 누룩을 으깨는 야마오로시라는 작업을 생략한 양조법

**아마구치(甘口):** 단 맛

**야마다니시키(山田錦):** 주조호적미의 왕이라 불리는 효고가 원산지인 쌀 품종으로 생산량이 가장 많음

**양조 알코올 = 죠조아루코오루(醸造アルコール):** 주로 사탕수수를 원료로 발효시킨 순도 높은 알코올

**연수(軟水) = 난스이:** 미네랄 함량이 적은 물

**오리가라미(おりがらみ):** 술덧에서 사케를 짜낸 후 침전물을 제거하지 않고 병에 담은 사케

**오리히키(おりひき):** 짜낸 술의 침전물을 제거하기 위해 탱크에 며칠간 두고 찌꺼기를 가라앉혀 제거하는 작업

**오마치(雄町):** 오카야마가 원산지인 주조호적미 품종. 키가 크고 재배하기가 어려워 야마다니시키로 대체되는 경향

**오사케(お酒):** 모든 주류를 총칭하는 경우에 쓰는 말이고, 단순히 '사케(酒)'라고 하면 니혼슈(日本酒)를 가리키기도 하나 절대적 기준은 아님

**오쵸코 = 쵸코(お猪口):** 사케를 담는 한입 사이즈의 아주 작은 잔. 구이노미와 비슷하나 조금 더 작음

**욘고빙(四合瓶):** 욘고(四合) 720cc의 병을 지칭

**원주 = 겐슈(原酒):** 사케가 완성된 후 물을 첨가하지 않은 원액

**유키비에(雪冷え):** 섭씨 5℃ 정도의 눈처럼 차가운 정도의 사케

**이치고(一合):** 부피 단위(180cc). 샤쿠(勺, 18cc) → 고(合, 180cc) → 쇼(升, 1.8ℓ) → 토(斗, 18ℓ) → 고쿠(石, 180ℓ)

**이치고마스(一合升):** 180㎖의 나무로 된 용기. 그냥 '마스'라고 부르기도 함

**잇쇼빙(一升瓶):** 1.8ℓ의 병을 지칭. 됫병이라고도 함




**정미보합(精米歩合) = 정미 비율 = 도정 비율 = 정미율:** 쌀을 정미하고 남은 비율. 숫자가 낮을수록 정미율이 높은 고급 사케

326

**죠소(上槽) = 상조 = 시보리(搾リ):** 술덧(모로미)을 짜내어서 사케와 술지게미를 분리하는 작업

**죠칸(上燗):** 45℃ 정도로 아츠칸 중에서 가장 인기 있는 사케

**주기(酒器):** 술을 담는 용기

**주모 = 술밑:** 발효 공정에 들어가기 전에 효모를 배양해 대량으로 증식시킨 것

**주조호적미(酒造好適米) = 슈조코테키마이 = 사카마이(酒米) = 술쌀:** 사케를 빚기 위한 전용 쌀로 식용미와 대비되는 쌀

**쥰마이긴죠(純米吟釀):** 양조 알코올을 넣지 않은 정미 비율 60% 이하의 사케

**쥰마이다이긴죠(純米大吟釀):** 양조 알코올을 넣지 않은 정미 비율 50% 이하의 사케

**쥰마이슈 = 쥰마이(純米酒):** 양조 알코올을 넣지 않고 순수하게 쌀로만 빚은 사케

**죠조아루코오루 = 양조알코올(釀造アルコール):** 주로 사탕수수를 원료로 발효시킨 순도 높은 알코올

**지자케(地酒):** 각 지역에서만 한정되어 유통되는 로컬 사케


**ㅊ**

**쵸코 = 오쵸코(お猪口):** 사케를 담는 한입 사이즈의 아주 작은 잔. 구이노미와 비슷하나 조금 더 작음

**치로리(ちろリ):** 아츠칸을 만들기 위한 컵 모양의 용기. 주석이나 구리 등의 금속으로 만들어지며 손잡이와 술을 따르는 부리가 있음


**ㅋ**

**카가미비라키(鏡開き):** 신년이나 결혼식 등의 축하하는 자리에서 여럿이 큰 술통을 나무 망치로 부수는 의식

**카라구치(辛口):** 아마구치에 반대되는 개념으로 매운맛이 아닌 드라이한 맛

**카메노오(亀の尾):** 메이지 시대에 야마가타현에서 육성된 주조호적미 품종

**카타구치(片口):** 도쿠리와 비슷한 역할을 하는 주기로 사케를 따르는 입이 하나밖에 없어서 카타구치라 불림

**칸자케(燗酒) = 아츠칸(熱燗):** 데워 마시는 사케

**코우지 = 누룩(麴, 糀):** 술을 만드는 효소를 가진 곰팡이를 곡류에 번식시킨 것

**코슈 = 고주(古酒):** 장기간 숙성시킨 사케

**코스이 = 경수(硬水):** 미네랄 함량이 높은 물

**키모토(生酛):** 주모를 만들 때 인공 유산균이 아닌 천연 유산균을 넣는 전통적 제조 방식

**키죠슈 = 귀양주(貴釀酒):** 물 대신 사케를 넣어 발효시킨 사케

**타루자케(樽酒):** 나무 통에 든 사케. 타루사케라고도 함

**토(斗):** 부피 단위(18ℓ). 샤쿠(勺, 18cc) → 고(合, 180cc) → 쇼(升, 1.8ℓ) → 토(斗, 18ℓ) → 고쿠(石, 180ℓ)

**토비키리칸(飛び切り燗):** 55℃의 온도로 너무 뜨거워서 펄쩍 뛴다는 의미의 사케

**토빙카코이(斗瓶囲い) = 시즈쿠토리(雫取り):** 사케를 짜낼 때 기계로 무리한 힘을 주지 않고 술주머니에 술덧을 담아서 자연스럽게 떨어지는 술의 물방울을 담은 사케

**토지(杜氏):** 양조장의 양조 책임자. 요즘 말로 공장장 정도의 의미

**토쿠리(德利) = 도쿠리:** 몸통이 통통하고 주둥이가 좁아지는 형태의 액체를 담는 용기

**토쿠베츠 쥰마이(特別純米):** 쥰마이슈 중에서 정미 비율 60% 이하로 특정 기술이나 주조법에 의해 특별히 양조된 사케

**토쿠베츠 혼죠조(特別本釀造):** 혼죠조 중에서 정미 비율 60% 이하로 특정 기술이나 주조법에 의해 특별히 양조된 사케

**특정 명칭주(特定名称酒):** 후츠슈에 반대되는 말로 쥰마이슈 또는 정미 비율이 70% 이하의 사케. 쥰마이슈, 쥰마이긴죠, 쥰마이다이긴죠, 토쿠베츠 쥰마이슈, 혼죠조, 긴죠, 다이긴죠, 토쿠베츠 혼죠조 총 8가지



**하나비에(花冷え):** 10℃의 온도로 벚꽃이 피는 시기인 3~4월의 온도대의 사케

**핫탄니시키(八反錦):** 히로시마가 원산지로 잡미가 없고 밸런스가 좋은 주조호적미 품종

**혼죠조(本釀造):** 특정 명칭주 중에서 양조 알코올을 배합한 정미 비율 70% 이하의 사케

**후네시보리(槽絞り) = 후나시보리:** 전통적인 수작업으로 사케를 짜내는 방식으로 목조통에 술덧을 담은 술주머니를 겹쳐 쌓아 압력을 가해서 짜내는 작업

**후츠슈(普通酒):** 특정 명칭주가 아닌 일반 보통 사케

**히레자케(ひれ酒):** 데운 아츠칸에 구운 생선 지느러미를 넣은 사케. 특히 복어 지느러미를 많이 사용

**히나타칸(日向燗):** 30℃의 온도로 양지의 햇볕처럼 따스하고 부드러운 사케

**히야오로시(ひやおろし):** 봄에 완성된 사케를 여름동안 숙성시켜 가을에 출하하는 사케

**히야자케(冷や酒):** 상온 또는 실온의 사케

**히이레(火入れ):** 열처리

**히토하다칸(人肌燗):** 35℃의 온도로 사람의 피부 온도와 비슷해서 붙여진 이름의 사케